各地での調査模様

口絵1　2011年4月10日午後2時
　　　　震災1か月後　福島第一原子力発電所正門で測る

　　　ガンマ線線量率、毎時35マイクロシーベルト。
　　　福島3日間の積算線量、0.10ミリシーベルト。
　　　甲状腺内部被曝線量レベルE以下。
　　　調査時の健康リスクはなかった。

口絵2　東日本放射線衛生調査の旅（2011年4月6日〜10日）

駒ケ岳

青森

岩手山

仙台市内

福島駅前

福島
20キロメートル圏内
浪江町

各種の交通手段を乗り継ぎ、札幌〜青森（列車）〜仙台〜福島（バス）〜東京（車）。
2日間の福島20キロメートル圏内調査を含む5日間の積算線量は0.1ミリシーベルト
（レベルE）で、安全裏に調査完了。

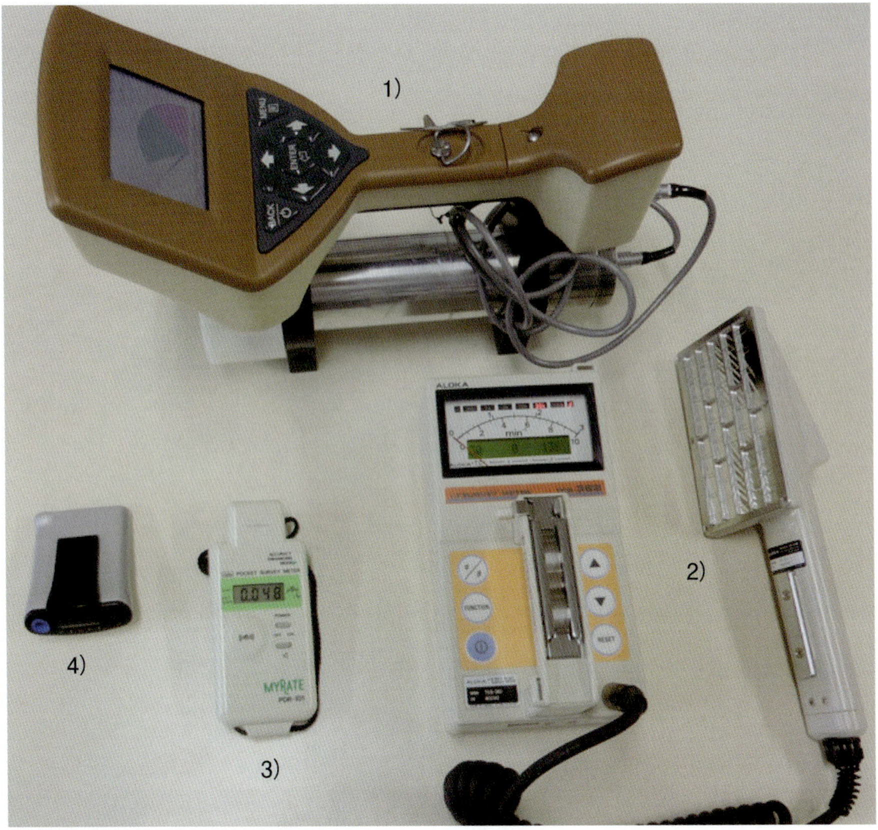

1) ガンマ線スペクトロメータ
2) アルファ・ベータカウンタ
3) 線量率計
4) 線量・線量率計

仙台市内　五橋公園

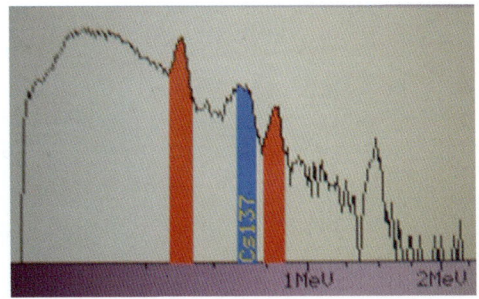

口絵3　放射性ヨウ素甲状腺線量検査
　　　（福島県民66人を含む延べ76人全員線量レベルF～Dリスクなし）

浪江町から二本松市へ避難した人たち70人に「環境放射線と健康」についての講演と、希望者40人に甲状腺線量検査（4月8日）。災害対策本部は避難者へヨウ素剤を配布しないばかりか、甲状腺検査もしていなかった。

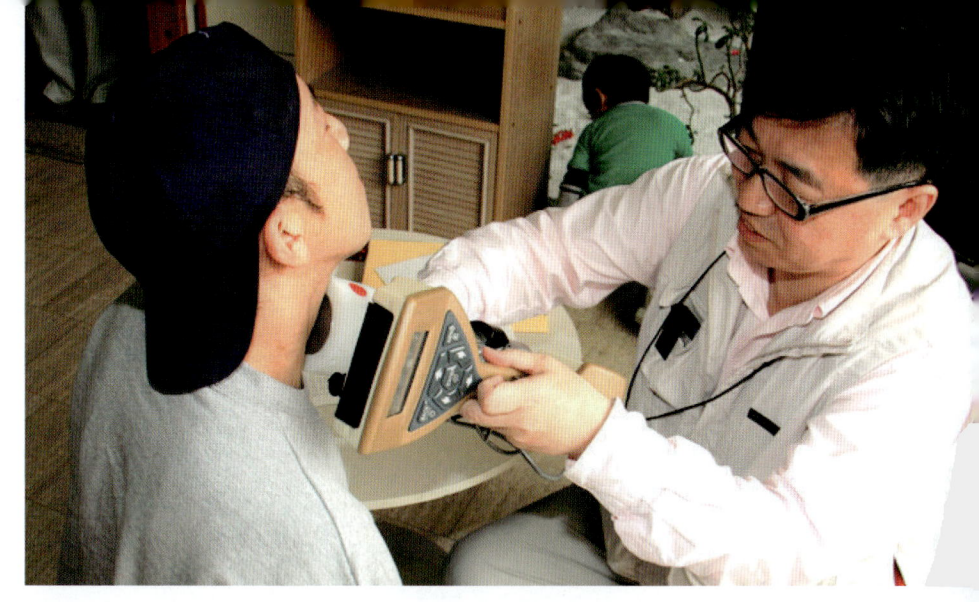

二本松第一中学校および東和小学校2か所で保護者計およそ400人への講演と希望者24人に甲状腺検査を実施した（4月8日、9日）。

震災3か月後、放射性ヨウ素のハザードが消滅した南相馬市、いわき市、郡山市で、乳児から大人の希望者33人に対し、ポータブルホールボディカウンタで、放射性セシウムの全身量を検査した。全員の線量がレベルE、Fで全く問題なかった。

口絵4　福島第一原子力発電所20キロメートル圏内浪江町の牛と双葉町の犬たち
　　　取り残された動物たちの悲劇

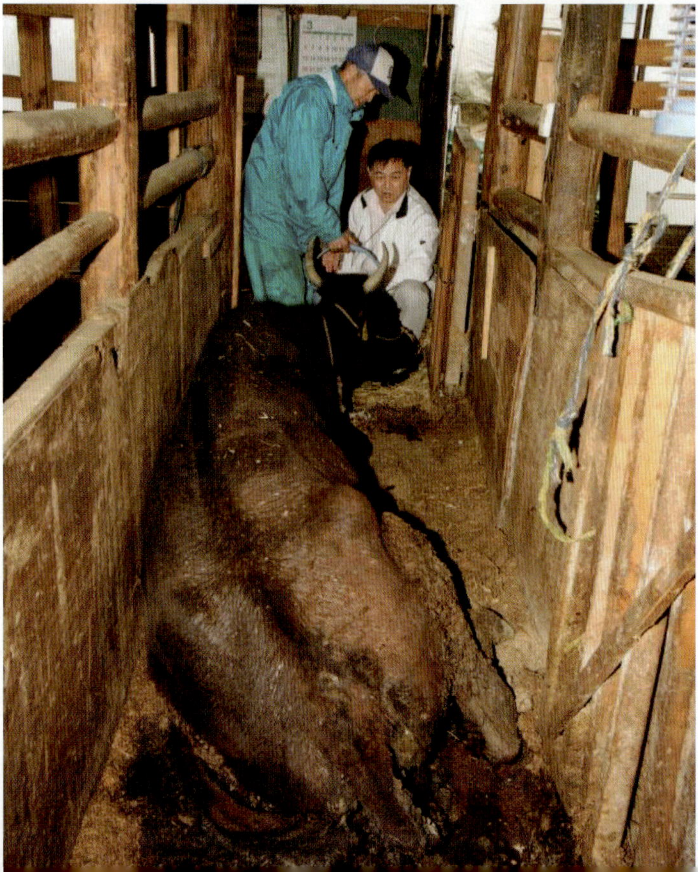

餓えと渇きで、動物たちは死んだ。核と放射線では絶対に死なない状況だったのに。

口絵5　福島第一原子力発電所敷地境界に接近

顕著なアルファ線＝プルトニウム汚染はなかった。
地表に最大で毎分7カウント、空中にはアルファ線なし。

口絵6　各地の放射能ははじめの60日間で大幅に弱まった

その場ガンマ線スペクトロスコピ
2011年4月12日都内後楽園にて

震災30日後の都内でも、放射性核種はヨウ素131（I131）、セシウム134（Cs134）、セシウム137（Cs137）の順の強度で検知された。放射性カリウム（K40）は天然核種。

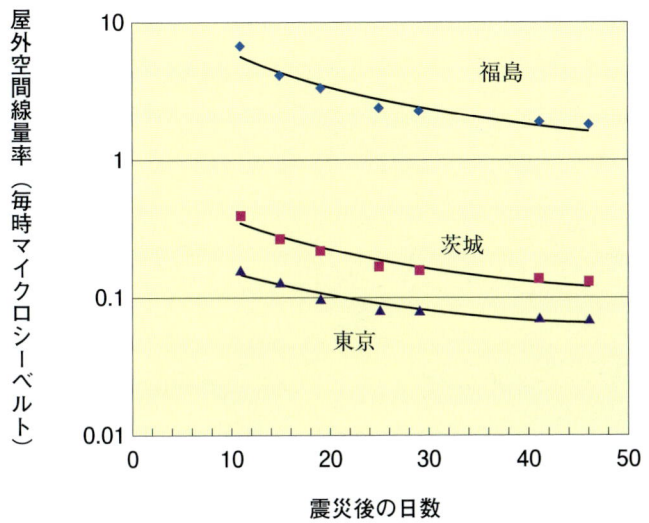

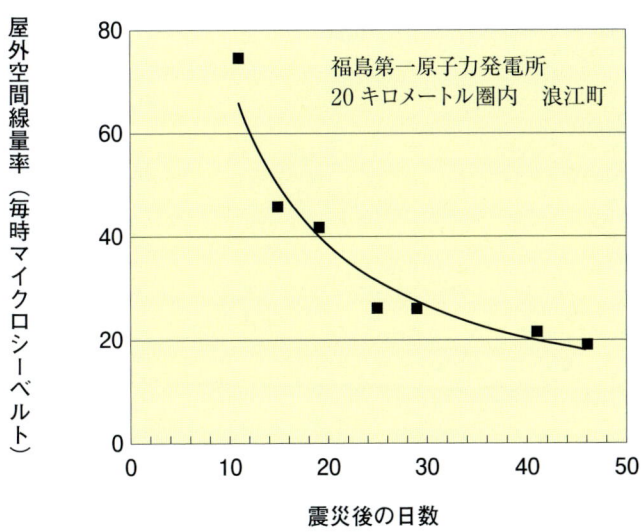

各地の震災後の環境放射線の減衰傾向。
放射性ヨウ素（半減期8日）などの短い半減期の核種が初期に消滅していった。

口絵7　文部科学省および米国DOE*による航空機モニタリングの結果
（福島第一原子力発電所から80キロメートル圏内の線量測定マップ）

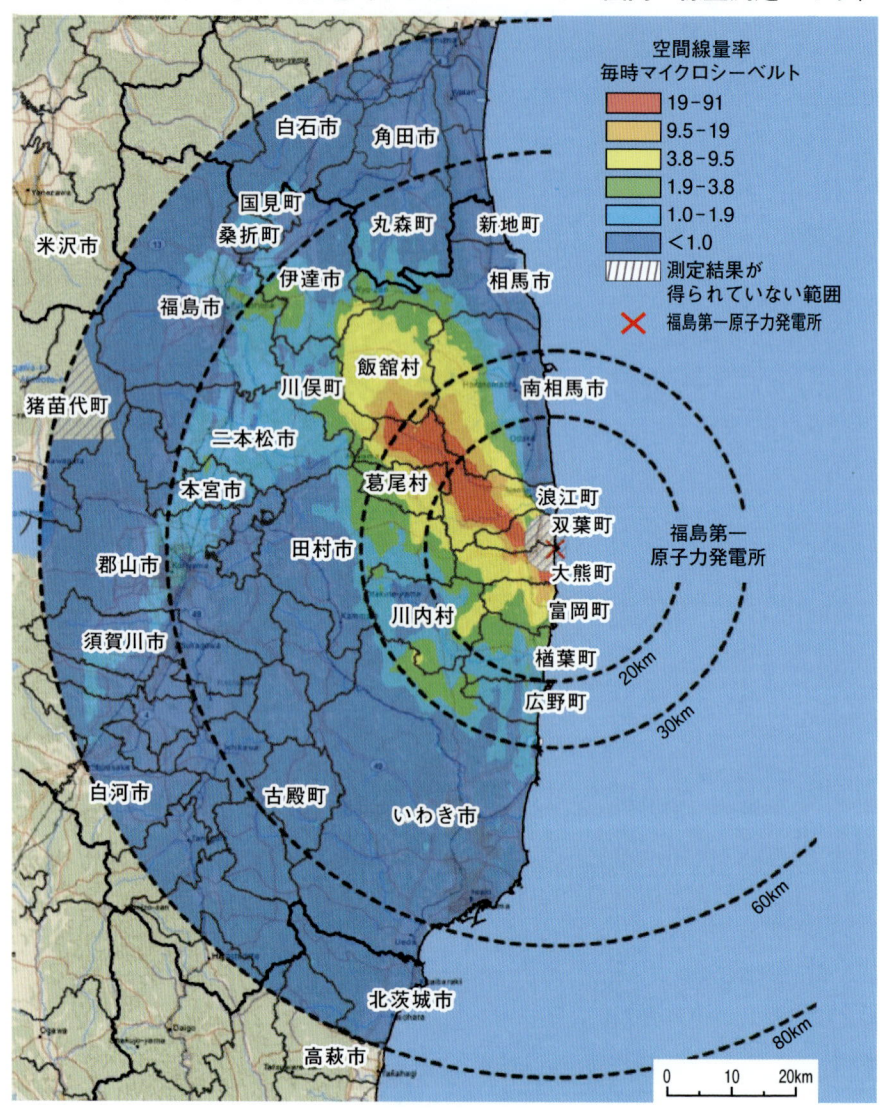

震災後の1〜3か月間、福島県民はほとんどの時間を屋内退避を続けたので、この図の線量を受けてはいない。屋内線量は屋外の値の3分の1から4分の1と低い。さらに、家の周囲の表土を除去するだけで、大幅に線量回避は可能である。

＊ Department of Energy

●高田 純の放射線防護学入門シリーズ●

福島 嘘と真実

東日本放射線衛生調査からの報告

高田 純　札幌医科大学教授　理学博士
　　　　　医療人育成センター物理学教室
　　　　　大学院医学研究科　放射線防護学

医療科学社

● 著者紹介 ●

高田 純（たかだ じゅん）

- 札幌医科大学教授、理学博士。
  大学院医学研究科放射線防護学、医療人育成センター 物理学教室。
- 放射線防護情報センターを主宰。
  (http://www15.ocn.ne.jp/~jungata)
- 放射線防護医療研究会代表世話人。
- 日本シルクロード科学倶楽部会長。
- 弘前大学理学部物理学科卒。
  広島大学大学院理学研究科（核実験）博士課程前期修了、同課程後期中退。
- 鐘淵化学工業中央研究所、シカゴ大学ジェームス・フランク研究所、京都大学化学研究所、イオン工学研究所、広島大学原爆放射線医科学研究所、京都大学原子炉実験所を経て、2004 年より、現職。
- 第 19 期日本学術会議研究連絡委員。
- 鐘淵化学工業技術振興特別賞、未踏科学技術協会高木賞、アパグループ「真の近現代史観」懸賞論文優秀賞を受賞。
- 日本保健物理学会、日本放射線影響学会、日本放射化学会会員。
- 著書に『世界の放射線被曝地調査』（講談社ブルーバックス）、『東京に核兵器テロ！』（講談社）、『核爆発災害』（中公新書）、『核と刀』（明成社）、『放射線防護の基礎知識─福島第一原発事故に学ぶ』（イーグルパブリシング）、『核災害からの復興』『核災害に対する放射線防護』『核と放射線の物理』『お母さんのための放射線防護知識』『医療人のための放射線防護学』『核エネルギーと地震』『中国の核実験』『核の砂漠とシルクロード観光のリスク』『ソ連の核兵器開発に学ぶ放射線防護』（医療科学社）など。

福島　嘘と真実　東日本放射線衛生調査からの報告
〈目　次〉

口　絵　各地での調査模様
著者紹介・2
図表目次・5

はじめに・6
調査結果の概要・9

1　2011年3月11日と直後 …………………………… 12
2　震災当日から現地調査まで ……………………… 18
3　世界の核被災地調査で開発したポータブルラボ ……… 20
4　札幌〜仙台間の放射線衛生調査（4月6日、7日）…… 23
5　福島県民の甲状腺ヨウ素量の検査（4月8日、9日）… 27
6　福島第一被災原子炉20キロメートル圏内調査………… 30
7　危険な範囲から安全な範囲まで線量6段階 …………… 34
8　福島の被災者にレベルC以上はいない ………………… 36
9　東日本の放射線は最初の60日間で急速に減衰した…… 38
10　チェルノブイリにならなかった福島の理由 …………… 39
11　家畜を見殺しにした菅政府 …………………………… 42
12　あらためてチェルノブイリの健康被害 ……………… 43
13　内部被曝　福島の低線量と科学 ……………………… 44
14　政府災害対策本部の科学上の誤りと危険 …………… 47
15　未曾有の核災害はウイグル、核の黄砂が日本全土に … 49
16　核被災地は必ず復興できる …………………………… 50

おわりに　東京での緊急報告会・52

福島　嘘と真実

> 新宿医師会での講演と質疑応答・53

　　　福島第一原子力発電所前での測定・54
　　　線量6段階区分・56
　　　各地の測定・57
　　　空間線量測定の基本・63
　　　レベル7の根拠と矛盾・65
　　　農作物への影響と核爆発のデマ・66

〈付録　世界の核災害・73〉
●チェルノブイリ事故災害・73
　（『世界の被曝地調査』講談社・ブルーバックスより）
●スリーマイル島事故・75
　（『お母さんのための放射線防護知識』医療科学社より）
●東海村臨界事故・75
　（『世界の被曝地調査』講談社・ブルーバックスより）
●広島核爆発災害・76
　（『世界の放射線被曝地調査』講談社・ブルーバックスより）
●ビキニ核実験災害・77
　（『核爆発災害』中公新書より）
●楼蘭周辺での核爆発災害・79
　（『中国の核実験』医療科学社より）

文献・81
索引・82

　　　　　　　　　　　　　　　表紙イラスト：小林かよ子
（週刊新潮記者・竹中宏氏の福島県内での同行取材、一部写真提供に感謝）

図 表 目 次

図 1　福島原子力発電所を襲った津波の様子・12
図 2　福島第一原子力発電所 3 号機（2011 年 3 月 21 日撮影）・15
図 3　福島第一原子力発電所の事象の経過（3 号機の場合）・16
図 4　世界地図　核の黄砂・18
図 5　世界の核災害地調査（1995 ～ 2005）・21
図 6　ガンマ線スペクトル（仙台市内と福島飯舘村）・25
図 7　札幌から東京間の空間線量率（2011 年 4 月 6 日～ 10 日）・31
図 8　調査員の札幌から東京間の積算線量（2011 年 4 月 6 日～ 10 日）・31
図 9　福島第一敷地境界の空間線量率の推移・32
図 10　線量 6 段階区分・35
表 1　福島原子力発電所の地震津波影響の概要・13
表 2　政府の緊急避難指示の経過・14
表 3　ポータブルラボの器材一式・20
表 4　甲状腺線量検査の結果・28
表 5　線量 6 段階区分と人体影響のリスク・35
表 6　世界の核災害の比較・41
表 7　各地の農産物等の放射能（平成 23 年 3 月 20 日政府発表）・45
表 8　体内に入った放射性物質による内部被曝・46
表 9　確定的影響の例とそのしきい値線量・48

コラム目次

外部被曝線量、政府発表の予測値は過大評価、計画的避難の根拠に誤り・33
2011 年 6 月 18 日、南相馬市での講演会で報告した筆者のリスク評価・51

はじめに

　2011年3月11日、宮城県沖を震源とするマグニチュード9.0の巨大地震が発生。その直後の大津波によってもたらされた大災害は、東日本の太平洋側およそ500キロメートル一帯を地獄に陥れた。大堤防を破壊して陸域に押し寄せた大量の海水が町や畑を水没させ、破壊しながら、多くの人びとを飲み込んだ。死者行方不明者はおよそ2万人、経済被害16兆円を超えた。まさに平成の国難である。
　この地震が放出したエネルギーは、核爆発に換算すると487メガトン、広島核の3万発分に相当する（1メガトン威力は、TNT火薬100万トンに相当する爆発エネルギー）。それが太平洋プレートが北米プレートに沈み込む宮城県沖の海底で一斉に爆発したような災害なのだ。だから海岸一帯がどうにもならない被害を受けたのはうなずける。
　しかし、海岸にあって巨大地震と大津波に破壊されなかった建造物があったことに、国民はあまり気がついていない。それは震源の至近距離にあった東北電力女川原子力発電所、東京電力福島第一および第二原子力発電所である。
　岩盤上にあって厚さが2メートルあまりもあるコンクリート壁からなる格納容器と、分厚い鋼鉄製の潜水艦のような圧力容器からなる原子炉を心臓部とする原子力発電所。筆者が国内最強と考えていた陸上の建造物である。戦闘機が激突しても、対戦車用の可搬型ミサイルでも破壊しないのが原子炉格納容器なのだ。しかも、大振動となるS波の前に到達する弱い振動のP波（第一波）を検知して、1秒以内に制御棒を炉心に挿入し核反応を自動停止する機能があり、中越沖地震でそれが証明されていた（拙著『核エネルギーと地震』医療科学社、2008年）。
　一方、大津波に襲われ冷却機能を失った福島第一原子力発電所では炉心が高温になり、発生した水素ガスが地震発生の翌3月12日に原子炉建屋内で爆発し、周辺環境にヨウ素、セシウムなどの放射性物質が漏洩、同日政府の指示で福島第一原子力発電所から

半径20キロメートル圏内（住民およそ6万人）が緊急避難区域に指定された。その直後から連日連夜、原子炉の専門家やNHKのニュース解説員から詳しすぎるほどの装置的情報や周囲環境の放射線線量率（毎時マイクロシーベルトの値による）の報道が継続してなされ、ある週刊誌で集団ヒステリーといわれたほど、政府を筆頭に日本社会の長期間にわたる心理的動揺状態が続いた。

　福島の核事象では、広範囲に顕著な量の放射性物質が飛散したが、原子力施設職員たちに急性死亡は1人もいないばかりか、直後から5月の時点までに急性放射線障害すら1人もいない低線量事象である。もちろん、福島県民にも急性放射線障害はない。これは水素爆発はあったものの、圧力容器および格納容器は閉じ込め機能をかなり保持していた証拠でもある。

　しかし筆者が恐れていた、原子力安全委員会（内閣府）など災害対策本部の周辺住民ならびに東日本に対する放射線防護科学に基づいた判断と、対策本部の意思決定機能が発揮されない事態となってしまった。そのため、過剰で片手落ちな政府介入により、20キロメートル圏内の病院患者の受け入れ先の未確保や手当てのない搬送により、取り残された患者数人が死亡した。さらに長期化した避難民の困難の継続となった。そして多数の置き去りにされた牛、豚、鶏の死を招いたばかりか、政府は殺傷処分の指示を福島県にした。

　国際原子力事象評価尺度（INES）では、福島第一原子力発電所の事象を当初"レベル5"との評価を、4月12日になって突然政府は"レベル7"に変更した。原子力安全委員会と原子力安全・保安院（経済産業省）それぞれの放出放射能値の違いがあるばかりか、算定の過程を示す報告書すら公開されておらず、筆者のみならず国内の専門家に疑問を持たれている。さらに、政府が飯舘村などの計画避難の根拠とする文部科学省の今後の住民の線量予測は、屋内滞在や放射能の減衰が組み込まれていないずさんな推計であって、とても長年核エネルギーの平和利用をしてきた科学立国とは思えない乱暴な論拠によっている。今回の国内の情報混乱と国内外の風評被害の根源が政府にあるとみる筆者の原点がこれらにある。

福島　嘘と真実

　本書は、日本社会が科学情報で混乱するなか、世界の核被災地を調査してきた放射線防護学の専門家として、同一手法で、震災ひと月以内に、福島の20キロメートル圏内を含む札幌から東京までの東日本の放射線衛生を調査した報告である。その手法は、筆者がロシア科学者との共同調査のなかで開発した内外被曝の線量測定法＝モバイルラボによる系統的で統一的な評価法で、核ハザードの健康影響を迅速に定量化できる特徴がある。これを活用し、3.11震災以後の東日本を調査した。特に、10年前に開発した甲状腺線量計測法を初めて適用することと、震災3か月前に入手していた米国製の核兵器テロ対策用の携帯ガンマ線スペクトロメータの活用が、今回の現地での放射線衛生調査の特徴である。

　さらに震災3か月後、南相馬市、いわき市、郡山市で計33人のセシウムのホールボディカウンタを実施し、全身量を検査した。結果、全員線量レベルE、Fと全く問題なしだった。

　政府機関や原子力業界とは完全に独立したひとりの医学系の放射線防護学の専門家が、体系的な環境・健康調査を報告する。ただし、日本はもちろん、世界で最も核被災地の現場を知る希少な放射線防護学者としての自負もある。米ソと中国による核事象（セミパラチンスク核実験場周辺影響、楼蘭核爆発災害、チェルノブイリ周辺3か国、南ウラルのプルトニウム工場周辺汚染、シベリアの地下核爆発、ビキニ核爆発災害）の調査に加え、東海村臨界事故時の公衆の線量評価を調査してきた（『世界の放射線被曝地調査』講談社ブルーバックス、2002年、『Nuclear Hazards in the World』Springer and Kodansha、2005年）。これらの、核爆発時の熱線と衝撃波で一瞬に都市が壊滅する最悪のレベルから、核の砂や灰が降り積もり急性死亡や急性放射線障害を受けるレベル、白血病などの発がんの健康影響を受けるレベル、そして核放射線の実被害はないものの社会心理的混乱を生じるレベルまでを体験的に調査してきた考察を基礎としている。

　本書が、福島県はじめ東日本ならびに全国民の核放射線衛生に対する正しい認識と対処、そして核放射線影響の科学理解に結び付き、行き過ぎた社会心理の混乱を鎮静化できればと切に願う。

2011年6月　高田　純

東日本放射線衛生調査結果の概要

　2011年3月11日、マグニチュード9.0の巨大地震後の大津波により冷却機能を喪失した東京電力福島第一原子力発電所（以下、福島第一原発）の核分裂反応停止中の炉心が過熱溶融し、3月12日に最初の水素爆発事故となった。そこから噴出した核分裂生成物による環境影響と人体影響を、震災からおよそひと月後に札幌から東京までの東日本を広範に調査した。

　調査項目は、環境のガンマ線空間線量率、調査員自身の積算個人線量、地表面のガンマ線スペクトルによる核種同定、地表面のアルファ線計数、現地住民の放射性ヨウ素による甲状腺内部被曝線量である。結果は、世界の他の核災害と比較され、福島の核事象の環境健康影響の大きさが相対的に明らかにされる。

　チェルノブイリ事故災害と違い、福島県および東日本の放射線線量はけた違いに低く、健康影響のリスクは無視できるくらいであった。この理由は、1) 福島第一原発では炉心での核分裂反応が停止24時間以後の水素爆発で、その間に短い半減期の多量の放射能が消滅していた。チェルノブイリ原発は運転中の核反応の暴走爆発で、一気に高レベル放射能が環境へ吹き出た。結果、多数の運転員や消防士が急性放射線障害になり死亡者も発生した。福島第一原発ではそうした死亡事故はない。2) 福島第一原発では損傷はあったものの格納容器がかなりの核分裂生成物を閉じ込めたばかりか、チェルノブイリ原発のように黒鉛火災による上空への舞い上がりがなかった。そうした理由で、2000メートル級の高さの岩手山や奥羽山脈を越えて青森や北海道へ福島から放射性物質が飛散しなかった。

　2002年に筆者は放射線防護学の100年以上の研究成果にもとづき、放射線の危険度（リスク）を判断するための「線量の6段階区分」を発表した。AからCが危険な範囲、DからFが安全な範囲である。

　福島県を除く東日本の年間外部被曝線量は2011年度でレベルE。

福島市でさえ、屋内滞在時間の長さを考慮すれば、同年度の年間内外被曝総線量はレベルDと推定される。

1 4月6日に陸路、札幌を出発し、青森、仙台、福島、東京と、同月10日まで放射線衛生調査がなされた。
2 福島第一原発20キロメートル圏内を含む全調査での調査員の受けた外部被曝の積算線量は0.11ミリシーベルト、レベルE。甲状腺の放射性ヨウ素蓄積は検出されなかった。こうして調査は安全に実施された。
3 札幌および青森では、顕著な核分裂生成物は検出されなかった。仙台、福島、東京でのガンマ線スペクトロスコピーで、ヨウ素131、セシウム134、セシウム137が顕著に検出された。福島から少量持ち帰った土壌を5月に測定すると、ヨウ素131は消滅していた。
4 甲状腺に蓄積されるヨウ素131による内部被曝線量検査が成人希望者総数76人に対して行われた。検査当日の福島県民66人のヨウ素放射能の最大値は3.6キロベクレル、平均1.5キロベクレル。6人は検出限界0.1キロベクレル未満であった。20キロメートル圏内浪江町からの避難者40人の平均甲状腺線量は放射能の減衰を補正して5ミリグレイ、チェルノブイリ被災者の1000分の1以下程度と、甲状腺がんの発生リスクはないと判断する。
5 浪江町などの被災者らは、災害対策本部から安定ヨウ素剤の配布がないばかりか、甲状腺検査も受けていないことがわかった。避難だけしか行わない政府介入における緊急被曝医療体制に大きな問題が存在していた。ヨウ素剤は、わが国の原子力災害時に大多数の県民と周辺県民には配布されない現状が証明された。抜本的な改革が求められる。
6 損傷した炉心のある施設外の隣接地表面でさえ、プルトニウムが放射するアルファ線は毎分7以下と少なく、核燃料物質の施設外環境への漏洩は、顕著ではなかった。プルトニウムの吸い込みによる肺がんなどのリスクは無視できる。なお、セミパラ

チンスク核実験場の爆発地点周辺が半世紀後においてもアルファ計数が毎分200、西日本の地表面の値が毎分1〜2である。

7 浪江町や東日本各地の空間線量率の値は、最初の1か月間で4分の1以下になるなど、放射能の減衰に従って、放射線環境は減衰傾向にある。福島を除く東日本の公衆の個人線量は屋内滞在による遮蔽効果もあって、年間外部被曝線量は1ミリシーベルト以下、レベルEである。福島市は2011年度の年間線量はレベルD。瞬時被曝ではないので、小児、胎児への健康影響は心配するほどではない。次年度以降も徐々に年間線量は低下していく。

8 福島県民の内部被曝については、地元産の農産物および飲料水を採り、空気を吸い、体内に放射性セシウムを取り込んだと仮定した場合の線量は、外部被曝のおよそ3分の1と考えられる*。この比率は、ロシアの放射性セシウムの汚染地で自給自足する農民から評価した値である。福島市民に当てはめると、2011年度の年間内部被曝線量はおよそ1ミリシーベルトである。実際3か月後の6月後半に、南相馬市、いわき市、郡山市で計33人の放射性セシウムの全身量を検査したところ、全員が推定年間線量として1ミリシーベルト未満であった。したがって内外被曝の総年間線量はレベルDと推定される。

  *『世界の放射線被曝地調査』第5章、講談社ブルーバックス。

9 放射性セシウムの環境中の半減期は、30年よりも短い。それは、初期に存在するセシウム134の半減期が2年と短いばかりか、風雨などによる地域からの掃き出しがあるからである。2年目はすでに放射性ヨウ素が消滅しているので、その線量はない。さらに、外部被曝に加え、内部被曝も減衰する。こうして、福島県民の年間線量は2年目に大幅に減衰する。レベルF、E、Dと安心の方向に推移する。

1 | 2011年3月11日と直後

　2011年（平成23年）3月11日14時46分、宮城県牡鹿半島の東南東約130キロメートル沖（北緯38度、東経142.9度）深さ約24キロメートルでマグニチュード9.0の巨大地震が発生した。宮城県栗原で震度7、東京で震度5強を記録した。場所は北米プレートの下へ太平洋プレートが潜り込む海溝であり、地震多発地帯である。

　核爆発のエネルギーに換算すれば、マグニチュード9.0の地震エネルギーは487メガトン、広島核の3万発分に相当する。この地震エネルギーにより、北海道から千葉県までの東日本の太平洋側に大津波が押し寄せた。津波の高さは最大15メートルを超え、震源近くでは防波堤さえ破

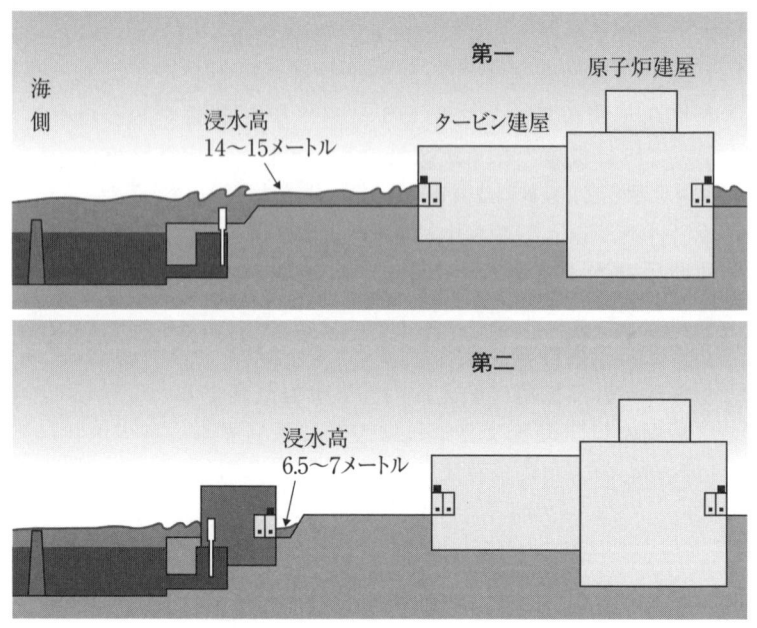

図1　福島原子力発電所を襲った津波の様子

表1　福島原子力発電所の地震津波影響の概要

■**地震発生**：2011年3月11日（金）午後2時46分
■**福島第一原子力発電所**：
・運転中の1～3号機が自動停止（4～6号機は定期検査中のため冷温停止中）。
・地震により外部電源が喪失し、非常用交流電源が起動するも、その後津波により喪失。
　→現在は外部電源復旧、中央制御室の照明が点灯（全号機）、タービン建屋の一部の照明が点灯（1～4号機）。
・燃料を冷却する機能が不十分。当初は淡水による冷却を行い、その後、海水（一部ホウ酸入り）を注入。
　→現在は仮設電動ポンプ等により淡水を注水（1～3号機）。
・1～3号機で、原子炉格納容器内の過大な圧力を防止するため、格納容器内の圧力を降下させる措置（ベント）を実施。
・水素爆発が原子炉建屋内で発生し、原子炉建屋が損傷する（1,3号機）。
・圧力抑制室付近で異音が発生するとともに同室の圧力が低下（2号機）。
・大きな音が発生し、原子炉建屋に損傷を確認（4号機）。
・1～3号機のタービン建屋等で、高濃度の放射性物質を含む多量の溜まり水を確認、2号機トレンチを通じて、海洋への漏洩を発見、4月6日止水成功。溜まり水の排水作業実施中。
・5、6号機、冷温停止中。

■**福島第二原子力発電所**：
・運転中の1～4号機が自動停止。
・冷温停止中、水位は制御範囲内で安定、外部電源は受電有（全号機）。

	福島第一原子力発電所		1号機	2号機	3号機	4号機	5号機	6号機
地震発生時	運転状況		運転中	運転中	運転中	定期検査中	定期検査中	定期検査中
現況	核分裂「止める」		○	○	○	—	—	—
	「冷やす」	原子炉	×→△ 淡水注水	×→△ 淡水注水	×→△ 淡水注水	燃料取出中	冷温停止中	冷温停止中
		プール	△	△	△	△	○	○
	放射能「閉じ込める」		△	△	△	△	○	○

参考：東京電力のプレス発表

表2　政府の緊急避難指示の経過

3月11日（金）
　14：46　地震発生により自動停止（福島第一1～3号機、福島第二1～4号機）
　19：03　緊急事態宣言（政府原子力災害対策本部および同現地対策本部設置）（福島第一）
　21：23　総理が、半径3キロメートル圏内の避難指示（福島第一）
　　　　　総理が、半径10キロメートル圏内の屋内退避指示（福島第一）

3月12日（土）
　5：44　総理が、半径10キロメートル県内の避難指示（福島第一）
　6：50　国が、原子炉格納容器内の圧力の抑制を命令（福島第一1、2号機、原子炉等規制法）
　7：45　緊急事態宣言（福島第二）
　　　　 総理が、半径3キロメートル圏内の避難指示（福島第二）
　　　　 総理が、半径10キロメートル圏内の屋内退避指示（福島第二）
　17：39　総理が、半径10キロメートル圏内の避難指示（福島第二）
　18：25　総理が、半径20キロメートル圏内の避難指示（福島第一）

3月15日（火）
　11：00　総理が、半径20～30キロメートル圏内の屋内退避指示（福島第一）

3月25日（金）
　午　前　半径20～30キロメートル圏内の自主避難を促進する旨を官房長官が発表

壊された。東北から北関東の海岸線では多数の家屋や走行中の車が津波に呑み込まれ、死者と行方不明者を合わせた数はおよそ2万人となった。

　至近距離の東北電力女川原子力発電所と東京電力福島第一・第二原子力発電所も、震度6で揺さぶられると同時に大津波に襲われた。しかし、そのときに稼働していた全ての原子炉は、P波（大振動となるS波の前に到達する第一波の弱い振動）を検知し自動停止した。

　福島第二原子力発電所と女川原子力発電所は、原子炉の冷却にも成功し、全体の安全は保たれた。日本の軽水炉技術の高い耐震性能が証明されたのである。

図2　福島第一原子力発電所3号機（2011年3月21日撮影）

　しかし福島第一原発では、巨大津波による冷却機能を喪失、炉心が高温となり、地震発生の翌日12日に1号機、その後に3号機で水素爆発が起こってしまった。施設周辺環境へ放射性物質が漏洩したため、福島第一原発から半径20キロメートル圏内が避難区域に指定された。
　ここでまず最初に確認しておくべきことは、日本の原子炉は軽水炉型

15

福島　嘘と真実

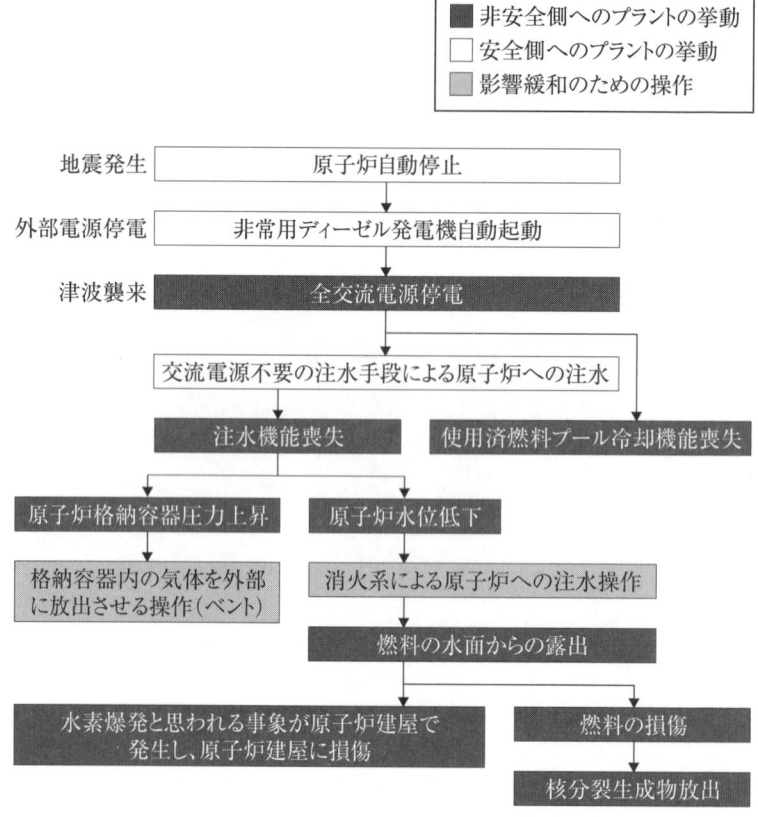

図3　福島第一原子力発電所の事象の経過（3号機の場合）

であり、旧ソ連の黒鉛炉ではないため、チェルノブイリ事故での大火災に伴う大量の放射性物質の環境放出による公衆の高レベル放射線被曝にはならないということである。しかも、ソ連の原子炉には格納容器がなかった。第二点は、チェルノブイリでは核分裂反応が暴走して爆発したのに対し、福島第一原発では、核分裂反応は制御棒が緊急挿入されたため、自動停止した状態での建屋内の水素爆発であったことである。そのため、運転員などに急性放射線障害はなく死亡者はいなかった。チェル

ノブイリ事故では、核分裂反応の暴走事故に伴い、運転員や消防士ら129人が重軽傷を負い、そのうち28人が死亡した。こうしたことから、これら二つの核事象の大きな違いが明らかである。

福島第一原発では、自衛隊ヘリによる空中からの放水に始まる懸命の冷却が続けられた。この時間稼ぎのなかで、炉心の崩壊熱は経過時間の7倍則（7倍の時間が経つと全放射能が10分の1に減る法則）で低下していった。しかし、建屋内の高レベルな汚染水に阻まれ、冷却機能の回復工事などが遅延している。

被災した福島第一原発敷地内の状況調査は筆者の専門外で、これは原子炉安全工学の専門家の調査を待つところである。筆者としては、避難者や福島県民など周辺の公衆の防護と放射線衛生の調査が目的である。

公衆防護に対しては、政府の災害対策本部が全責任を持つが、その意思決定には科学評価に基礎が置かれなくてはならない。しかし、菅政権が采配する災害対策本部の科学根拠にいくつか重要な問題が見えている。

その第一は、環境へ放出された総放射能量の評価である。当初福島核災害を国際原子力事象評価尺度（INES）で"レベル5"と発表していたものを、4月12日に突如、"レベル7"に押し上げた。この際、根拠となる放出放射能の算出方法を明記した検証可能な報告書が国内の専門家にさえ開示されていない問題。第二は、飯舘村など5月以後のさらなる計画的避難の根拠とする線量予測年間20ミリシーベルト超の誤りである。住民に個人線量計を装着する現実的科学的評価もせず、屋外線量率を一定値にして年間時間数を掛け算するなどとした過大計算は、ずさんで容認できない。

福島　嘘と真実

2 震災当日から現地調査まで

　宮城県沖地震の発生した当日、筆者は都内文京区にいた。文部科学省科研費研究「放射性ストロンチウムによる内部被曝線量その場評価法の検討」の一環として、楼蘭周辺での核爆発からの黄砂に含まれていた放射性ストロンチウムによる日本人の内部被曝研究報告のためである。日本シルクロード科学倶楽部主催で、翌12日から、文京シビックセンターの展示ホールにおける「シルクロード今昔　展示と講話の会」で研究成果を報告することになっていた。免震機能を有したシビックセンターは全く無事であったが、施設の点検のため、会の開始がまる1日の遅れとなった。東京滞在の3月16日まで、展示会の内外で、放射線防護学の専門家として、新聞やテレビの要請に応えながら、チェルノブイリと福島との違いなどについての情報を発信し続けた。

　その後、札幌に帰るも、福島現地への調査には出発できなかった。そ

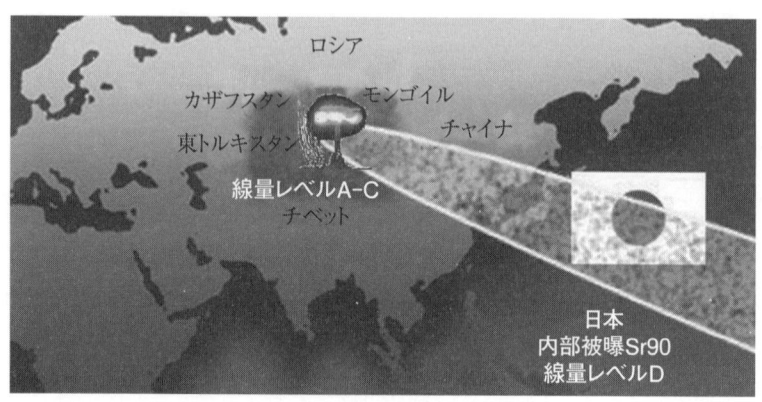

図4　世界地図　核の黄砂

核の黄砂は日本全土へ降り積もり、食物連鎖により日本人骨格に放射性ストロンチウムが蓄積した。

れは、前年から計画していたモンゴル・ウランバートルでの第1回核放射線防護と衛生学の科学会議が、3月後半に予定されていたからである。

　そして、ひとり3月21日に出国した。モンゴル核エネルギー庁との間で開催された科学会議において、楼蘭周辺での総威力22メガトンの核爆発から噴き出した核の砂の降下によるモンゴル国の環境と人体への影響について討議された。これは、2009年3月の憲政記念館でのシンポジウム「中国の核実験災害と日本の役割」に次ぐ、核災害の歴史上大きな意味ある科学会議となった。

　その間、3.11の巨大地震と津波による災害と福島第一原発影響の科学について、モンゴル国立大学で講演した。これらは、専門家のみならず、モンゴルの一般国民の大きな関心となり、新聞とテレビで報じられた。

　そして、3月28日に帰国するやいなや、モンゴル報告をする間もなく福島調査の方法を検討開始した。鉄道および高速道路の不通の問題があったが、東日本の広範囲な放射線衛生の状況を調査するべきと考え、陸路の調査旅行を計画した。札幌から青森までがJRの鉄道、青森から仙台、福島、東京がバスの移動である。この科学調査旅行計画をインターネットなどで告知したところ、週刊新潮の元気な記者が自身の車をもって、福島調査の同行取材を申し入れてきた。ありがたい話だ。当然、まじめな報道姿勢の同誌を受け入れ、福島以後の機動的な調査となった。多くの国民へ素早く科学情報を拡散するばかりか、第三者の同行による科学調査の目撃証言にもなるからである。

　科学調査を4月6日から10日にかけて実施した。さらに、12日までの東京滞在中に、都内の環境調査も追加した。調査は、福島第一原発20キロメートル圏内を含む札幌から東京まで、陸上の環境放射線と甲状腺線量検査を中心とした現地の人びとの健康影響である。

　さらに6月18日、19日には南相馬市などで体内のセシウムを検査した。

　測定では線量の絶対値を評価することになる。ただし、これだけではわかりにくいのが核放射線災害である。そこで、過去に世界で起こった核放射線災害事例と比較することで、この福島核災害の健康リスクを併せて浮き彫りにする。

3 世界の核被災地調査で開発したポータブルラボ

　筆者はソ連崩壊後の1995年以来、カザフスタンのセミパラチンスク核実験場周辺影響とシルクロード楼蘭遺跡周辺のウイグルで行われた中国による楼蘭核爆発災害、チェルノブイリ周辺3か国、南ウラルのプルトニウム工場周辺汚染、シベリアの地下核爆発、ビキニ核爆発災害といった世界各地の核放射線災害地を訪れ、核ハザードの環境と人体への影響（放射線防護学）を調査、研究してきた。

　そのなかで、現地の環境および人体への核放射線影響をその場で評価する手法と、トラベルケースに納まる各種の計測装置と線量評価ソフトを開発した。ガンマ線外部被曝、地表および体内の放射性セシウムの定量、およびストロンチウムの内部被曝評価、地表面のプルトニウム汚染計測のためのアルファ線計測機、地球座標の確認のためのGPSおよび測量機器、ノートPCなどである。

　これが持ち運べる実験室・ポータブルラボである。これまで、チェルノブイリの厳戒管理地区に暮らす住民の体内セシウムや、ビキニ被災となったロンゲラップ島民たちの前歯のベータ線計測からの体内ストロンチウム量評価、彼らが摂取する食品の放射能、環境放射線などを測定してきた。

　今回の福島現地調査では、核緊急時であるために、致死線量まで計測

表3　ポータブルラボの器材一式

1	ガンマ線スペクトロメータ	Model 702	米国Ludlum社
2	アルファ・ベータカウンタ	TSC-362	日本アロカ社
3	ポケットサーベイメータ	PDR-101	日本アロカ社
4	個人線量計	RAD-60 S	フィンランドRADOS Tec.
5	GPSナビゲータ		米国Magellan

図5 世界の核災害地調査（1995〜2005）

できるフィンランド製の個人線量計に加え、前年12月に購入したばかりの国産車の価格ほどする米国製核テロ対策用に開発された最新小型スペクトロメータも持参した。急遽、実験室で、セシウム137やアメリシウム241の人工線源で試験するとともに、札幌市内の地表面の調査も行った。

機材としては、粉じん吸い込み防止用のマスク数枚と、簡易使い捨て防護衣1人分を初めて携行した。過去の調査事例ではないことだ。

さらに、10年前に開発した甲状腺に蓄積している放射性ヨウ素131の放射能を測る方法を、今回はじめて実践使用することとなった。小型のガンマ線線量率計を、放射線医学総合研究所が保有するヨウ素131人体形線源を用いて校正した。

それはヨウ素131の半減期が8日と短いため、核災害直後でしか測れないからである。今回の福島調査は震災後30日以内なので、十分測れるのであった。

震災3か月前に入手した携帯型のガンマ線スペクトロメータは、ロシア放射線医学センター所有のブロックプラスチックファントム（人体模型）でセシウム137放射能計測用に校正した前機種で二次校正したので、全身の体内セシウムの放射能が計測できるようになった。これが、今回の福島事象でのポータブルホールボディカウンタである。なお前機種は、小型ながら国際比較で10％以内の差で一致を示している優れものである。

さらに同機器は、環境中の放射性セシウムやヨウ素の地表での汚染密度をその場で計測できるように、同様に二次校正した。

大災害は机上理論では通用しない。専門家は緊急時には現場へ入り、状況を評価し、正しい社会的意思決定に導かなくてはならない。医療班の他に放射線防護の専門家たちが現地入りし、被災者への対応や相談を受け付ける意味は大きいのだ。

4 札幌〜仙台間の放射線衛生調査（4月6日、7日）

　まず出発地である札幌の調査を行った。地表面でのガンマ線スペクロスコピー1分間測定で、顕著な人工核種・放射性ヨウ素や放射性セシウムなどは検出されなかった。空間線量率も毎時0.1マイクロシーベルト未満で正常値であった。すなわち、札幌は線量6段階区分のなかで最も安全なレベルFであった（7項参照）。

　さらに、北海道民3人の甲状腺を検査したが、顕著な放射性ヨウ素は検出されなかった。これもレベルFである。

　ポータブルラボを旅行用トランクに詰めて、ひとり、札幌を4月6日朝10時JR特急北斗に乗車し出発した。久しぶりの列車の旅である。車内で線量率や積算線量を測定し、手帳に記録しながらの移動である。南に向かう列車は空いていた（口絵2の地図参照のこと）。

　函館駅で特急白鳥に乗り継ぎ、青函トンネルを抜け、青森駅には午後3時過ぎに到着した。予約していた駅近くのホテルにチェックインした。

　その後、市内合浦公園で環境調査。空間線量率は毎時0.032マイクロシーベルト、地表面から顕著な人工核種は検出されなかった。さらに2人の青森市民の協力をいただき、甲状腺の放射性ヨウ素の検査をしたが、検出されなかった。結果、福島からの放射線影響は青森市にはなく、レベルFであった。

　翌7日10：30に青森から高速バスで出発した。黒石付近で津軽富士と呼ばれる岩木山を西方に見ながら南下、秋田県の北東部を抜け岩手県に入る。このあたりまでは車内の放射線に変化はなかった。

　その後、標高2000メートルの雪の岩手山の東の麓を進むと、車内の放射線は次第に上昇した。東北自動車道は、奥羽山脈を東側に抜け、東側の北上高地との間の北上盆地を盛岡から仙台に向かう行程となる。

　バスは前沢サービスエリアで小休止となった。毎時線量率は車内が

0.24マイクロシーベルトに対し、車外の芝生上では0.62マイクロシーベルトだった。

　福島からの核分裂生成物が標高2000メートル級の岩手山や奥羽山脈に阻まれ、以北の青森や北海道にほとんど届かなかったのかもしれない。つまり、福島では水素爆発はあったものの、火災炎上による放射性物質の2000メートル以上の顕著な上昇がなかったことが原因だろう。

　チェルノブイリ事故では、10日間に及んだ黒鉛火災により、暴走爆発後に大量の放射性物質が上空に舞い上がり、ヨーロッパ、アジア、日本まで降ってきたのだった。

　その後、一関あたりで車内の放射線は極大の毎時0.39マイクロシーベルトとなってから仙台まで低下していった。15：20、仙台に到着後バス停近くの花壇で測ると、毎時0.23マイクロシーベルトであった。

　4月上旬の仙台市の街並みは、一見大震災があった後とは思えないような普通の光景だった。がよく見ると、吉野家など休業している食堂が散見された。都市ガスが不通なのだ。

　チェックインしたアパホテルは内外とも正常に見えるのだが、ガスがないため、風呂もレストランも利用できない状況にあった。19階の部屋の窓から眺める光景からは、大震災の爪痕には気がつかない。タクシーの運転手によれば、都市全体の耐震補強や工事がすでになされていたのだった。室内の放射線は毎時0.030マイクロシーベルト。ガンマ線スペクトロスコピーの結果、室内汚染はなかった。

　その後市内の環境調査のため、ホテル近くの五橋公園に向かった。空間線量率毎時0.20マイクロシーベルト。ガンマ線スペクトロスコピーの結果、青森まででは見られなかった人工核種のガンマ線が複数あった。

　核種ごと決まったエネルギーのガンマ線を放射する。スペクトロメータでは、そのガンマ線のエネルギーを確認できる。またひとつの核種が複数のエネルギーのガンマ線を放射する場合に、それぞれの相対強度を確認すれば、より未知の核種の特定に有効となる。

　仙台より南側の福島、東京でのガンマ線スペクトロスコピーで、強度の若干の差はあるものの、同じエネルギーの複数のガンマ線ピークを観

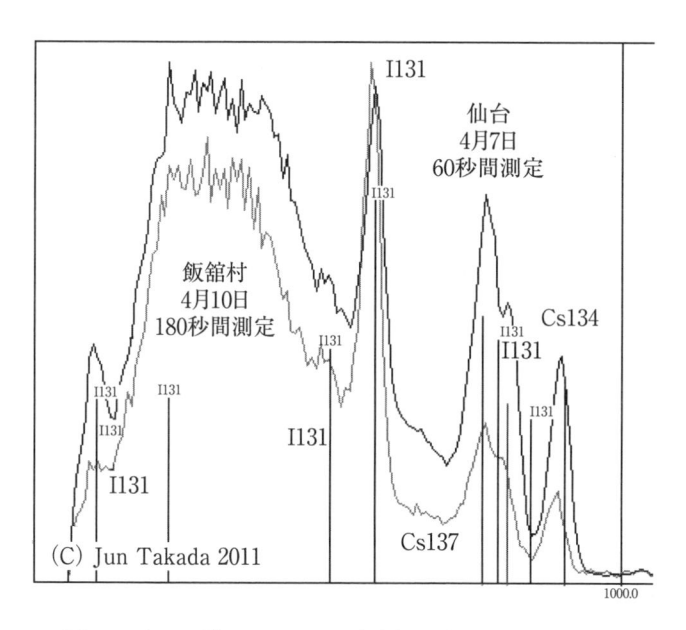

図6　ガンマ線スペクトル（仙台市内と福島飯舘村）

察した。データは装置内蔵のフラッシュメモリに記録され、いつでも読み出せるばかりか、コンピュータにデータをコピーもできる。
　後日、札幌医科大学物理学教室に戻り、スペクトル上のガンマ線エネルギーと相対強度を調べ、核データ表などと突き合わせた。また研究交流のある日本原子力研究開発機構の放射線管理分野の技術者とも討議し、これらのガンマ線ピークが、ヨウ素131（半減期8日）、セシウム134（同2.0年）、セシウム137（同30年）であると特定した。すなわち、札幌と青森で見つからなかったこれら核種は、福島第一原発から環境中へ漏洩したものであることは間違いない。これらガンマ線ピークは、福島第一原発に接近するほどに強くなっていったのだ。
　後で述べるが、福島第一原発の西側境界に隣接するキャベツ畑の表土を少しだけ、札幌に持ち帰った。およそ30日後の5月17日に測定すると、ヨウ素131と考えていたガンマ線ピークは消滅していた。すなわち、

福島　嘘と真実

土に吸着していた半減期8日しかない放射性ヨウ素は崩壊し消滅したのだ。他方、他のガンマ線ピークは残存している。それらは、やはり2種のセシウム核である。

　その晩遅くに国分町の居酒屋で、ホヤと牛タンなどで、宮城県の地酒を楽しんだ。ほろ酔いで店を出ると、大きく街全体が揺れた。なかなか止まらない大地震。後で知ったが、マグニチュード7.1震度6強。タクシーもつかまらず、真っ暗ななか、1時間以上もかかったろうか、ホテルにたどり着いた。多数の客がロビーにあふれていた。ホテル側の説明では、危険なので部屋に入らないようにとのことだった。当然、エレベータは停止。だが、ロビーにいては風邪を引くし、眠い。非常階段を19階に登り、入室と同時にベットに倒れこんだ。

　翌朝目を覚ますやいなや、30キログラム近い重量のトランクを担いで、非常用階段を下った。へとへとになった。どうにか9：30発の福島行の高速バスに間に合った。発車3分前だった。神戸震災も乗り越えた不死身の科学者、いざ福島へ！　実は、その後電話連絡が取れなくなった支援の仲間や倶楽部の同士たちからは、死んだかもしれないと心配されていた。地震は放射線よりも危険で怖いのだった。

　仙台の朝7：00まで、札幌出発から45時間の筆者の積算線量は5マイクロシーベルト（平均毎時0.1）と全く心配のない線量である。もちろん、自身で測定した甲状腺の放射性ヨウ素量は検出できないほど微量であった。

5　福島県民の甲状腺ヨウ素量の検査（4月8日、9日）

　高速バスは結構空いていた。ボランティアの人たちや避難する人たちが乗客のようだ。60分間で福島駅前に到着した。

　約束の場所には、福島の受け入れ協力者たちと、記者たちが待機していた。前者は知り合いの北海道神宮禰宜を通して、旧知の郡山の神社宮司が段取りをしていただいた。最終的に二本松市市議であり宮司の方が働きかけ、二本松市内の中学と小学校、そして浪江町から太田町民センターへの避難者に対して、講演と甲状腺検査を含む健康相談会を実施できることになった。私は人道と科学、そして神道を信じた。

　こうした核放射線の取り組みは、信用や信頼関係が要となるのは、世界のどの調査も同じだった。受け入れ態勢は、延べ500人くらいの参加を得たことを見ても成功だった。「環境放射線と健康」という演題と希望者に対する甲状腺検査の実施も関心を高めたようだ。

　福島では、20キロメートル圏内からの避難者を中心に希望者68人に対し、甲状腺に含まれている放射性ヨウ素の放射能量の検査を行った（口絵3参照）。

　最初に、浪江町からの避難者40人の希望者に対して検査した。彼らは、災害対策本部からの甲状腺検査もなければ避難時に安定ヨウ素剤も配布されていなかったと、私の質問に答えた。従来から原子力緊急被曝医療として、ヨウ素剤配布用の備蓄があったにもかかわらず、災害対策本部は何も手を打たなかったのは、大きな驚きである。絵に描いていただけの"餅"だったのだ。

　その他は、二本松市立第一中学校学区の保護者24人の希望者、飯舘村の2人、東京からの福島調査に同行した2人の検査である。

　最初に、毎日検査して甲状腺に放射性ヨウ素が沈着していないと考えられる調査員自身の喉元（甲状腺付近）の測定値を、測定場所の背景値

福島　嘘と真実

表4　甲状腺線量検査の結果

	甲状腺	ヨウ素131放射能（キロベクレル）4月8、9日	初期の量	甲状腺線量ミリグレイ
浪江町 40人	最大	3.6	20.0	7.8
	最小	1.7	9.2	3.6
	平均	2.4	13.1	5.1
二本松市 24人	最大	0.5	2.9	1.1
	最小	0.1未満	0.6未満	0.4未満
	平均	0.1	0.7	0.3
飯舘村 2人	平均	1.8	10.0	3.9

（バックグラウンド）とする。その後、被検者の甲状腺を測定して、その値から背景値を引き算した値が、被検者の甲状腺に沈着した放射性ヨウ素による線量率となる。この甲状腺ヨウ素線量率値に測定器の放射能換算計数を掛け算して、甲状腺内に沈着している放射能量値が求まる。

　この放射能の値は検査日のヨウ素131の放射能量である。半減期8日で日ごとに少なくなっているということは、以前にはさらに多くの放射能が甲状腺のなかにあったはずである。この推定はやや複雑な方法となるが、単純化して、3月12日に全量が甲状腺に蓄積したとして、最初の量を、国際放射線防護委員会勧告（ICRP Pub. 78）の方式により推定した。その値に線量換算計数（ICRP Pub. 71）を掛け算して、甲状腺線量値が求まる。

　浪江町からの避難者40人の結果は、二本松市民に比べて全体的に甲状腺に蓄積していた放射性ヨウ素の放射能量は多かった。平均で2.4キロベクレル、最大で3.6キロベクレル。他方、二本松市民は平均0.1キロベクレル、最大で0.5キロベクレル。飯舘村の2人は、平均1.8キロベクレル。放射能の減衰を補正して推定された甲状腺線量の平均値（ミリグレイ）は、浪江町5.1　飯舘村3.9、二本松市0.3であった。レベルで示すとD、D、Eである。

これらの値は、チェルノブイリ事故被災者の値の1万分の1から1000分の1である。かの地、ウクライナ、ベラルーシ、ロシア3か国の被災者700万人の最大甲状腺線量は50グレイ。その後数年から、総数で当時の4800人の子供たちに甲状腺がんが発生した。20年後の世界保健機関の調査報告である。このリスクが線量に比例すると考えれば、今回の放射性ヨウ素量が原因で、福島では誰一人として甲状腺がんにはならないと予測できる。

　この理由は、1）人びとの暮らす陸域へ降った放射能の総量がチェルノブイリに比べ福島では圧倒的に少なかった、2）汚染牛乳を直後に出荷停止とした、3）日本人は日ごろから安定ヨウ素を含む昆布などの海藻類などの食品を採っているので、甲状腺に放射性ヨウ素が入る割合が低ヨウ素地帯の大陸の人たちに比べて少ないことによる。

　なお、6月後半の南相馬など3市での甲状腺検査では、ヨウ素が検出されなかった。これは環境中の調査と一致し、半減期8日からヨウ素量が1000分の1に減衰した理由による。すなわち、今後はヨウ素ハザードはない。

6 福島第一被災原子炉 20キロメートル圏内調査

　4月9日、10日と2日間にわたり20キロメートル圏内に突入し、放射線環境を調査しながら、徐々に福島第一原発敷地境界に接近していった。
　最初は、西側の八本松市から東に向かう行程である。葛尾村から浪江町に入り、その家畜や牧草地を調査し、双葉町から福島第一原発に接近する。
　退避圏内の浪江町のある地点に到着するも、その値は毎時0.017ミリシーベルト、仮に24時間屋外に立ち続けたとしても、0.4ミリシーベルトに過ぎない値であった。続く双葉町、大熊町での測定値も浪江町と大差はなかった（一般的な目安として100ミリシーベルトを超えると、健康に影響が出る危険性が高まるとされている）。
　そして核緊急事態が続いている福島第一原発の敷地境界の調査を開始した。福島第一原発の西門や、他のゲートやフェンスに沿って測定したところ、放射線の強さは避難区域の浪江町や双葉町の二倍程度であり、最大でも毎時0.059ミリシーベルトであった。この値は、チェルノブイリの緊急事態時の値の1000分の1以下である。
　敷地内にプルトニウムが検出されたとの報道があったので、念入りに境界付近数か所の地表面でアルファ線計測を実施した。結果は最大で毎分7カウントしかなかった。空中ではアルファ線は検出されなかった。すなわちプルトニウム微粒子が空中を漂ってはいないのだ。アルファ粒子はプルトニウムが放射するが、空気中を5センチメートルしか飛ばないのだ。少しだけ、敷地境界近くの地表面にプルトニウムがあるかもしれないと考えられる（口絵5参照）。
　筆者のセミパラチンスク核実験場内の地表核爆発地点の調査では、毎分200カウントもの値だった。しかも、空中でも10カウントも計測されたのだった。その地表は、顕著にプルトニウムで汚染しており、プルト

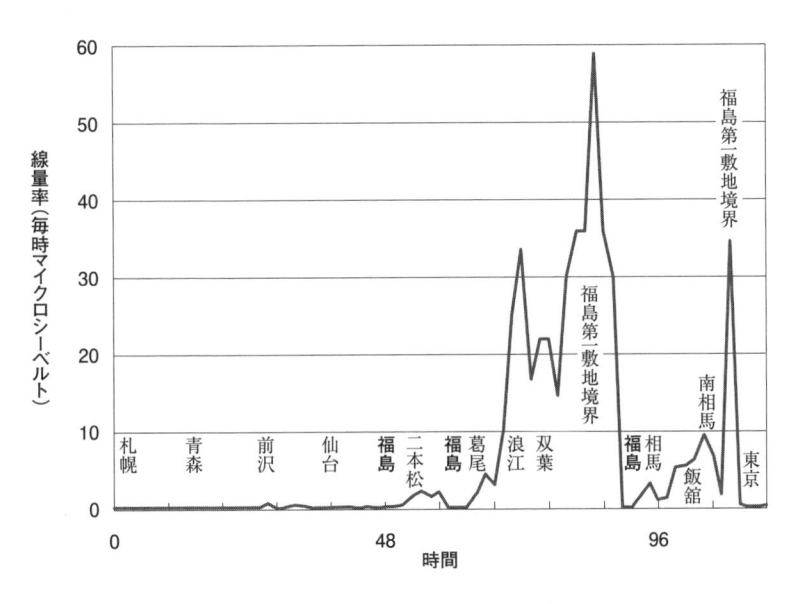

図7　札幌から東京間の空間線量率（2011年4月6日〜10日）

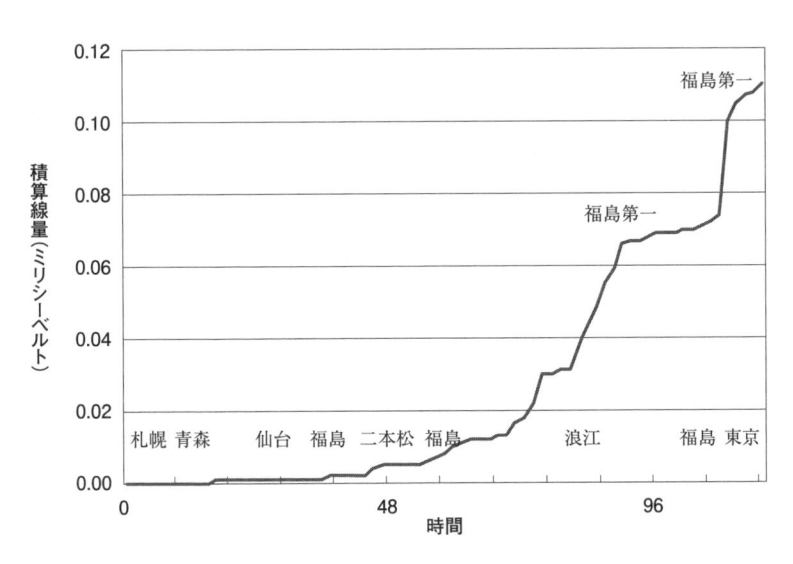

図8　調査員の札幌から東京間の積算線量（2011年4月6日〜10日）

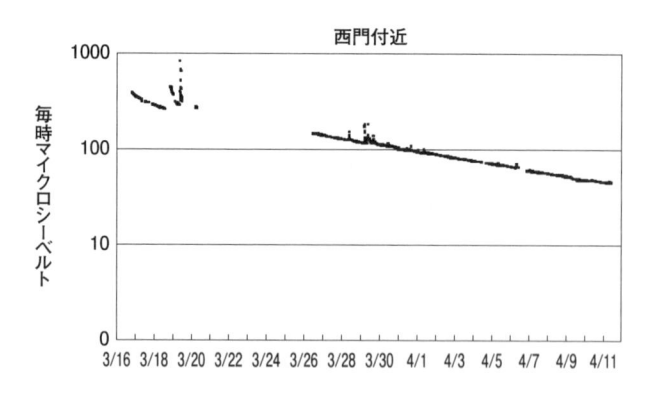

図9　福島第一敷地境界の空間線量率の推移

〈発電所周辺地域の線量〉
福島第一（最大値）
3号機周辺：約400ミリシーベルト毎時（3/15　10時頃）
敷地境界：約12ミリシーベルト毎時（3/15　9時頃）
福島第二：0.03〜183マイクロシーベルト毎時

ニウムの微粒子が舞い上がっているのだ。
　これと比較しても、福島第一原発での調査時に、プルトニウム微粒子の吸い込みのリスクは無視できる。したがってマスクは不要だったのだ。プルトニウムの吸い込みは、肺がんリスクを高めるが、この心配はいらなかった。
　私はオンサイト近傍(きんぼう)で最大10ミリシーベルトの被曝を覚悟していたが、実際は100分の1と低く、拍子抜けするものだった。さらに、マスクと簡易防護衣を用意はしていたが無用だった。
　放射性物質は風向きなどによって数値が変わってくるため、ある一定時間測り、たとえそのとき値が低くても決して安全とはいえないのではないかと疑問に思われるかもしれない。ところが、今回の現地調査では5日間にわたって常に放射線量を測定している。福島20キロメートル圏内を出入りした3日間の積算線量は0.10ミリシーベルトであった。すなわち、今後の放射性ヨウ素の減衰を予測すれば、現地に1か月滞在しても1ミリシーベルトにも満たないのである。

さらに、毎日、自分自身の喉元の計測もしたが、甲状腺線量は検出下限以下の範囲であった。

　結論からいえば、少なくとも原発の外や20キロメートル圏内のほとんどは、将来立ち入り禁止を解除できるし、今でも放置されている家畜の世話に一時的に圏内へ立ち入ることにリスクはない。

　もちろん、核緊急事態にある福島第一原発の敷地内が高線量であるのは別である。それは病院放射線科のがん治療用装置が致死線量を発するのと似た意味である。

コラム

外部被曝線量、政府発表の予測値は過大評価、計画的避難の根拠に誤り

　下記の教室内の値は、福島県二本松市内の45の学校等の施設での実測値の平均値である。

空間線量の屋内外比較

木造家屋内　　　　　　　屋外の30%
学校などの教室内　　　　屋外の15%
人体は自己遮蔽のための空間線量の70%

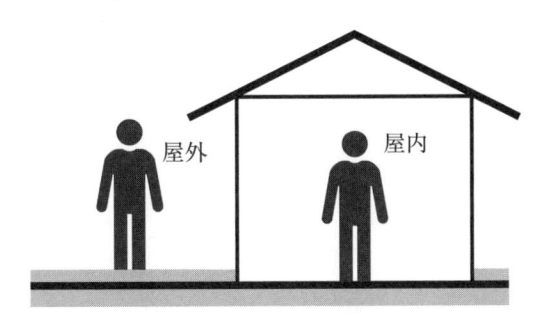

屋外線量率を毎時Dとすると、屋内退避命令の期間屋外に日に1時間だけ屋外にいて、その他23時間、木造家屋内にいたとする。

　(1×D+23×0.30×D)×0.70=5.5D　屋外線量率Dの5.5倍が1日線量である。

文科省の計算　外8時間　内16時間　12.8〜17.3D
2〜3倍の過大評価

7 危険な範囲から安全な範囲まで線量6段階

　そもそも、放射線とは核などが放つガンマ線（光子）、ベータ線（電子）やアルファ線（ヘリウムの核）や中性子などのエネルギーである。このエネルギーを人体が吸収した量を線量という。ガンマ線の場合には、体重1キログラムあたり1ジュール（0.24カロリー）の放射線のエネルギーを受けた場合に、1グレイの線量となる。放射線がん治療では、患部に的を絞って、数十グレイを分割照射する。

　全身が受けた場合に各臓器のリスクを考慮した線量をシーベルト単位で表現する。ガンマ線の場合、概して1グレイは1シーベルトである。シーベルト単位で表す線量は安全をテーマにした放射線防護で使用する*。

　シーベルト単位での線量は、一般になじみがなく、リスクの対応がわかりにくい。緊急時のトリアージ（多数の負傷者が出る災害や事故、戦争などに際して救急隊員や医師が選別し、優先順位をつける行為）に役立つものとして、2002年に私は放射線防護学の100年以上の研究成果にもとづき、放射線の危険度（リスク）を判断するための「線量6段階区分」を発表した。

　この6段階は最も危険なAから全く問題のないFまでに分かれている。AからCが危険な範囲、DからFが安全な範囲である。CとDは10倍の差があり、その間は、放射線の取り扱いを職業とする人たちの年間線量限度の範囲にある（レベルD+）。

＊ミリシーベルト：シーベルトの1000分の1
　マイクロシーベルト：シーベルトの100万分の1

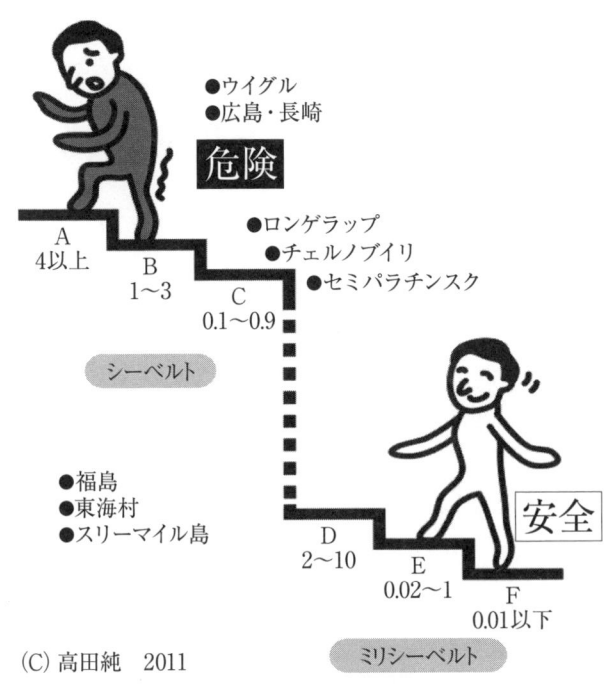

図10　線量6段階区分

表5　線量6段階区分と人体影響のリスク

線量レベル	リスク	線量
A	致死	4シーベルト以上
B	急性放射線障害　後障害	1～3シーベルト
C	胎児影響　後障害	0.1～0.9シーベルト
D	かなり安全　医療検診	2～10ミリシーベルト
E	安全	0.02～1ミリシーベルト
F	顕著な残留核汚染がない	0.01ミリシーベルト以下

レベルCとレベルDとの間には線量間隙が存在する。人体影響の安全性の科学理解では難しい領域である。この範囲（10～100ミリシーベルト）をD+とする。なおD+は放射線作業従事者の年間限度（50ミリシーベルト）の範囲である。
医療対応は、グスコバ博士の報告を参考とした。
　A：専門病院での処置が必要
　B：一般病院での観察、必要に応じて専門病院での処置
　C：妊婦の場合は専門病院と相談
　　　その他の人は医療対応不要
D～F：医療対応不要

8 福島の被災者にレベルC以上はいない

　レベルAの線量範囲は4シーベルト以上で、人間は4シーベルトの線量を全身で受けると100人中50人が60日以内に死亡する。すなわち4シーベルトが半致死線量である。

　レベルBは1～3シーベルトで、この線量を受けても、すぐさま死に至ることはない。当面、現れる症状としては嘔吐、脱毛症状、白血球の減少などである。ほとんどの場合、これらの諸症状は一時的なものだが、がん発生の確率が若干高まることを憂慮しなければならない。

　レベルCは0.1から0.9シーベルトで、この線量の場合には、自覚症状はほとんどない。ただし、レベルC以上では、わずかながらがんリスクが高まるほか、妊婦の場合には流産や胎児奇形のリスクがある。

　私の研究グループは、国際放射線防護委員会の勧告の放射線リスク係数にもとづいて、生涯がん罹患率や寿命短縮の割合を研究した。例えば、20歳の男性が2シーベルトの線量を受けると、生涯がん罹患率が2.2パーセント増加し、0.2歳寿命が短縮されると予測している。0.5シーベルトの線量に対して、生涯発がん罹患率は0.6パーセント高まる。

　つまり線量レベルBやCは危険範囲であり、致死がん生涯罹患率を若干高めるが、寿命短縮は顕著ではないのだ。これは、昭和20年8月に核攻撃を受けた広島の事例研究でわかった。広島500メートル圏内での生存者は78人おり、彼らの線量はレベルBであった。広島大学原爆放射線医科学研究所の鎌田七男教授らの研究で、死亡時の年齢は平均で74歳だったのだ。生存者らは甚大な健康影響を受けたが、顕著な寿命短縮はなかった（拙著『核爆発災害』中公新書、2007年）。

　留意すべきなのは、妊娠中の女性がレベルC以上の線量を受けると胎児が発育不良や小頭症などの障害を持つ可能性が出てくることである。つまり、レベルCからAまでが、高線量で危険な線量範囲ということに

なる。

　今回の福島の現地調査でわかったことは、周辺住民がレベルＣ以上の線量を受けることはないということである。また、福島第一核災害地でも、急性放射線障害やその死亡事故がないので、職員たちでさえ、レベルＢ以上の線量を受けていないのである。

　しかし災害対策本部は事故処理作業員たちの年間線量限度を0.25シーベルト、レベルＣに引き上げた。これによるリスクは一時的不妊である。若い作業員は0.15シーベルト以上の線量でこうしたリスクを負うのである。このリスクを作業員本人の同意書なしに負わすことはいけない（48ページ表9参照）。

⑨ 東日本の放射線は最初の60日間で急速に減衰した

　以下のD、E、Fレベルは低線量であって安全な線量範囲にある。この範囲の線量は、1000分の1単位のミリシーベルトで表す。今、ニュース等で頼りにいわれているのが、シーベルトの100万分の1のマイクロシーベルト。屁でもない極微量の放射線で、国全体が騒いでいる。

　レベルDは2から10ミリシーベルトで、これは自然界にある放射線量や、例えば病院におけるCT検査といった医療検診の際に受ける程度の量である。一般人が受ける年間線量の世界平均値は2.4ミリシーベルト。国際宇宙ステーションに滞在する飛行士は、太陽などが放つ放射線で、1日あたりおよそ1ミリシーベルトの線量を受ける。したがって、100日以上で100ミリシーベルトを受けるので、妊娠可能な女性飛行士は搭乗のリスクは高い。1ミリシーベルト以下のレベルEはさらに安全になり、自然界から受ける線量よりもさらに少ない。病院での胸部X線撮影などのレベルである。さらに0.01ミリシーベルト以下のレベルFになると完全に影響のないレベルである。

　札幌と青森は、環境放射線レベルはF、顕著な放射性核種は地表面では検出されなかった。両市合わせて4人の希望者の甲状腺検査でも放射性ヨウ素は検出されていない。岩手、宮城、福島、茨城、東京は、概してEからD＋の範囲であった。その場でのガンマ線スペクトロスコピーにより、仙台市から南での測定では、放射性ヨウ素131が最も強い放射能として検出された。ついでセシウム134、137であった。

　現在の放射線は半減期が8日のヨウ素131が放つガンマ線が支配的なので、環境放射線は2か月もすれば大幅に弱まると予想される。ヨウ素131の放射能は80日後に1000分の1に減衰するのだ。実際、福島第一原発に隣接する農地から持ち帰った土のヨウ素131放射能は、5月10日には、携帯ガンマ線スペクトロメータで検知できないほど弱まっていた。

10 チェルノブイリにならなかった福島の理由

　ここで改めて指摘しておくべきは、福島第一原発で起きている事態は、86年のチェルノブイリ原発事故とは全く性質が異なるということである。チェルノブイリでは、原子炉に格納容器が設置されておらず、他にも運転員の不手際など複数の要因が重なって原子炉内の核分裂反応が暴走した。

　チェルノブイリの原子炉は、減速材に水を使用する福島第一原発の軽水炉とは違って黒鉛が使用された黒鉛炉だったため、事故によって黒鉛が高温になり大きな火災が発生した。それにより、格納容器のなかった原子炉から10日間にわたって放射性物質が大量に放出され、上空に舞い上がり、数百キロ遠方でさえ、高レベルに核汚染した。

　黒鉛とはつまり炭素なので、燃えやすい。それでも黒鉛炉を使用したのは、兵器用のプルトニウムの生産に適したことが最大の理由とみられている。北朝鮮も同じ目的からこの黒鉛炉を保持している。

　この黒鉛火災によって噴き出した大量の放射能2エクサベクレル（1×10の18剰ベクレル）により、消火にあたった消防士や原子炉の運転員らの多くが甚大な放射線を受けた。

　合せて129人が重症を負い、翌日にはモスクワの専門病院に収容されたが、そのうちの30人が急性放射線障害から致死線量に相当する1から14シーベルトの線量（レベルBからA）を全身に受けて、急性放射線症状を示していた。最終的に28人が死亡したが、そのうち放射線が直接の死因だったのは17人だった。

　福島では、津波により亡くなった職員以外に、核放射線による急性死亡はない。また、被災直後の急性放射線障害もない。現場の職員たちもレベルC以下と推察できる。これらの事実から、福島は、チェルノブイリと比べ、核災害規模は格段に低いことがわかる。

39

ソ連の事故調査委員会は事故の翌日になって緊急避難基準である250ミリシーベルト（レベルC）として、3キロ離れたプリピャチ市の住民4万5千人を避難させた。また、事故から7〜8日経ってようやく30キロメートル圏内の住民、家畜の避難を開始した。

　今回の福島20キロメートル圏内被災者の場合、水素爆発のあった3月中旬の最大時でさえ、1日あたりの線量はおよそ1ミリシーベルトかそれ以下で、チェルノブイリに比べて段違いに低いものだった。

　20キロメートル圏内からの避難者の線量は概してレベルE〜Dであり、核放射線よりも、長期の避難生活による健康面や経済面の損失が顕著に大きい。

　核分裂反応が停止した炉心内の放射能の総量は、時間の経過とともに低下する。その法則は、7倍の時間で10分の1に低下する。例えば、最初の1分後に比べ、30時間後には炉心の全放射能はおよそ1万分の1に減衰する。

　福島第一原発の炉心が冷却できなくなり、漏れた水素が原子炉建屋内で爆発したのは、核反応停止24時間以後だったので、その間分単位の短い半減期の放射能は消滅した。そのため、原子炉周辺でさえ、チェルノブイリに比べて、放射線強度は圧倒的に低かったのである。こうして急性放射線障害を運転員らは受けなかったのだ。

表6 世界の核災害の比較

	広島核爆発災害	ビキニ核爆発災害	楼蘭核爆発災害	チェルノブイリ黒鉛炉災害	福島軽水炉災害
年月日	1945.8.6	1954.3.1	1964-1997	1986.4.26	2011.3.11
災害の原因	空中核爆発16キロトン 米国戦闘	地表核爆発15メガトン 米国実験	核爆発22メガトンなど 中国実験	化学反応水蒸気・水素 ン連発電中の試験事故	津波による炉心冷却機能の喪失
初期災害	衝撃波・閃光 電離放射線	立ち入り禁止 区域外なし	急性死亡	黒鉛火災・電離放射線	水素爆発
急性死亡	約10万人 即死数万人	0人	数10万人	30人	0人
二次災害	中性子放射化	核分裂生成物 2.8×10⁷エクサベクレル	核分裂生成物 1.6×10⁷エクサベクレル	核分裂生成物 2エクサベクレル	顕著な線量はない レベルC未満
公衆の線量 (外曝)	生存者 0.1〜4シーベルト 2キロメートル圏内	ロンゲラップ 1.8シーベルト 風下190キロメートル (Brookhaven N.L 1997.)	ウイグル 0.1シーベルト〜致死線量 風下1000キロメートル	30キロメートル圏内避難者 最大750ミリシーベルト	20キロメートル圏内緊急避難者 レベルE〜D 30キロメートル圏内屋内退避 レベルE〜D
甲状腺 (内曝)	(0.0グレイ)	1〜200グレイ I-131汚染水・食品の摂取 レベルB〜A	〜100グレイ レベルC〜A	最大50グレイ 平均1グレイ I-131汚染牛乳の摂取 レベルB〜A	平均5ミリグレイ (浪江町 40人) レベルF〜D
後障害	生存者数5.0万人 白血病死0.18% 固形がん死0.68% (放影研1990)	被災者67人 (ロンゲラップ) 甲状腺がん7.4% 白血病死1.5%	被災者720万人 悪性リンパ腫、 甲状腺がん	被災者720万人 甲状腺がん0.067% (4837人) 甲状腺がん死2.1ppm (15人) (WHO 2002)	避難者6万人 甲状腺がん予測0人 (高田純評価)

白血病、肺がん、
悪性リンパ腫、
甲状腺がん

(参考文献：高田純『核爆発災害』中公新書、2007年。『中国の核実験』医療科学社、2008年)

注：ミリは1000分の1

11 家畜を見殺しにした菅政府

　日本政府は家畜を放置したまま避難させなかったことも見逃してはならない。あのソ連ですら家畜を避難させている。チェルノブイリ事故直後に、30km圏内では4万9千人の住民とともに、牛1万3千頭、豚3千頭を、300台のバスと、1100台のトラックを用意して避難させた。

　福島の避難区域では牛などの家畜が、次々に死んでいる。死因は放射線ではない。餓えと渇きが原因であり、政府による人災である。今回の20キロメートル圏内で、そうした事態をいくつも目撃した（口絵4参照）。

　福島の緊急避難の意思決定の場合、専門家の討議と科学報告書は存在するのか、あるならば、公開すべきである。この意思決定の責任は、原子力安全委員会、原子力安全・保安院、そして政府にある。はたして、国内の専門家および国民の批判に耐えられるものかどうか。長期の避難は、核の権威者や一部の政治家の判断には任せられない社会問題だ。

　経済産業省は4月12日付で、福島核災害を国際原子力事象評価尺度（INES）で"レベル7"の最高位、チェルノブイリ事故災害と同列と発表した。その根拠として、環境への放出放射能の総量値を示した。しかし、その値の算出根拠となる論文を公開していない。

　その点で、原子力安全・保安院による"レベル7"の評価には大いに疑問が残る。災害対策本部内の専門科学者の顔もわからない政府発表には、簡単に納得することはできない。

　もし仮に、発電所敷地内の放射能をも含めているのなら、大きな誤りである。敷地外に放出された核種の総放射能量の科学的な計算過程を実測値と突き合わせて示さないのなら、全く信用できない。こうした論拠のないもので、国家の一大事を国際社会に公表されては困る。放射線防護上の過剰な表現は、今の時点では社会的害毒である。風評被害の原因が政府にあるといわざるを得ない。

12 あらためてチェルノブイリの健康被害

　チェルノブイリでは、周辺地域への放射線影響があった。大量に放出された放射性物質のうち、特にヨウ素131が健康被害を招いた。WHO（世界保健機関）から20年間の疫学調査が報告されている。

　住民のなかでも、特に子供たちは放射性ヨウ素に汚染された牛乳を飲んだことで、甲状腺に最大で50グレイという大きな線量を受けた。放射性ヨウ素131の半減期は8日だから、30日もすればその危険は相当弱まる。しばらくは摂取を我慢するべきだった。正しく情報を発しなかったソ連政府による人災である。

　他にも、政府の対応の拙さから住民に対する迅速な屋内退避措置が取られなかったこと、大半の住民たちへヨウ素剤の配布が行われなかったことも、甲状腺被曝の要因の一つだった。

　WHOの報告によると、ロシアをはじめ、ベラルーシやウクライナというチェルノブイリ周辺3国における事故発生から、2002年までの小児甲状腺がんの発症件数は4000件。甲状腺がんは外科治療によって治癒率も高く、他のがんよりも転移の可能性も低いものであることから、この3か国における2002年までの死亡者は15人に留まっている。

　アメリカのスリーマイル島軽水炉事故は漏れた希ガスやヨウ素などの放射性物質は1ミリシーベルトから0.01ミリシーベルトと微量で、レベルEに相当する。この事後処理に関わった発電所職員261人の線量は、レベルDが256人で、レベルD＋が5人、レベルC以上は誰もいなかった。

　さらに、発電所に最も近い居住区の公衆の全身線量はレベルEで、安全な範囲であり、乳児の牛乳摂取による甲状腺線量は5ミリグレイであり、甲状腺への健康影響として無視できる範囲だった。現地では一部住民にデマなどによるパニックもあったが、実際にはほとんど問題はなかったのである。

13 | 内部被曝
福島の低線量と科学

　日本でも今、福島県やその周辺地域で生産された牛乳の安全性が問題視されている。確かに、牛乳は水道水などと異なり、食物連鎖によって放射性ヨウ素の濃度が高まり、この汚染牛乳を飲み続けると、放射性ヨウ素が甲状腺に蓄積して甲状腺の健康被害が懸念される。

　しかし、3月20日の報告によれば、福島県の牛乳は、1キロあたり5200ベクレルの放射性ヨウ素に汚染されているとして出荷停止措置がとられたが、仮に出荷停止前のこの原乳を最大で5リットル飲んだとしても、それは0.6ミリシーベルト（レベルE）以下で、甲状腺へのリスクは無視できる。

　冒頭で述べたように今回、福島県で20キロメートル圏内からの避難住民を中心に、甲状腺に沈着した放射性ヨウ素量を県民希望者66人に対し検査したが、最も値が高かった人でも3.6キロベクレルで、甲状腺がんのリスクは全くない範囲。レベルでいえば、全員がF～Dの範囲であった。

　チェルノブイリの被災者の場合には、福島の1000倍以上のヨウ素を取り込んだことからも、放出放射能量が福島とは比べものにならないほど多く、地域全体がヨウ素欠乏地帯であったことも災いした。日本人の食生活は、海藻類など普段から安定ヨウ素を取り込んでいるので影響は少ない。

　福島のある地域では、搾乳したばかりの生乳をそのまま廃棄処分にしているが、これなど本当にもったいない。というのも、放射性ヨウ素の半減期は8日なので、例えば80日もすれば、放射能は1000分の1になり、ほとんどなくなってしまう。先の汚染牛乳でバターを作った場合、80日後の放射能は、キログラムあたり、わずか5ベクレル。私たちの体には、放射性カリウムが体重1キログラムあたりおよそ67ベクレルあるの

表7　各地の農産物等の放射能（平成23年3月20日政府発表）

産地	産物	放射能（キロベクレル／kg）
福島県		
川俣	水道	0.12
飯舘	原乳	5.2
茨城県		
高萩	ホウレンソウ	11
日立	ホウレンソウ	54
那珂	ホウレンソウ	16
常陸大宮	ホウレンソウ	19

で、これに比べても十分低い。

したがって、汚染された牛乳を使ってアイスクリームやバター、チーズなどを作り、しばらく保管してから出荷すれば問題ない。

政府は牛乳を一括で買い上げて乳製品に加工して「東日本大震災復興商品」などと売り出せばよい。それが酪農家への救済にもなるし、経済の悪化を食い止める一つの方法だと思う。科学技術立国日本の知恵と勇気を世界に示すチャンスである。

また、ホウレンソウについても、大きな誤解に基づく風評被害が出ている。まず、野菜は洗った後で食べるので、その時点で1パーセントから10パーセントに放射能を減らすことができる。茨城県日立産のホウレンソウは1キロあたり540から5400ベクレルなので、洗浄後、1回に50グラム食べるとすると2.5から25ベクレルとなり、4回食べても100ベクレル以下ということになる。

筆者は97年にチェルノブイリ事故調査で現地入りした際、ロシア最大の汚染地とされたザボリエ村でセシウムの放射能が4000ベクレルに達したキノコを食べた。その後、調べてみると、私の内部被曝線量は0.04ミリシーベルト（レベルE）に過ぎない。

一方、セシウムの物理半減期は30年だが、人体の代謝により実効半減期は100日と短い。さらに、人体にはもともと平均4000ベクレルの放射性カリウムの放射能があり、人や動物には体内の放射能に耐性がある。

表8　体内に入った放射性物質による内部被曝

	物理半減期	実効半減期（体内）
セシウム134	2年	88日
セシウム137	30年	100日
ヨウ素131	8日	8日

人体の代謝により、体に取り込まれた元素は体外へ出ていく。セシウムの場合には、全身の筋肉に薄まって分布する。ヨウ素の場合には、およそ3分の1が甲状腺に沈着する。

　さらに、病院での核医学検査では多量の放射能を患者さんに投与する。例えば、PET診断での投与量は、副甲状腺撮像で放射性炭素が4億ベクレルである。
　また、現在4月段階の福島を含めて、東日本の放射線状態を高めている原因核種はヨウ素131であり（先述）、これは後2か月もすれば大幅に減少する。放射性セシウムは体内で筋肉全体に分布するが、生物半減期は短い。これによる発がんなどの健康被害はチェルノブイリ20年間の疫学調査で見つかっていない。放射性ヨウ素の健康被害だけが顕著なのだ（WHO2006年レポート）。

14 政府災害対策本部の科学上の誤りと危険

　震災の翌月の福島県調査で、驚かされたことが4点ある。
1）20キロメートル圏内から二本松市大田住民センターに緊急避難させられた浪江町の人たちが、甲状腺のヨウ素線量検査を、災害対策本部の責任で実施されていなかったこと。
2）その人たちは、甲状腺内部被曝の恐れがあったにもかかわらず、安定ヨウ素剤の配布がなされていなかった。
　　緊急被曝医療の想定が10キロメートル圏内であったので、仮にヨウ素剤が不足したとしても、政府災害対策本部は、他の原子力立地県に備蓄されているヨウ素剤を手配し、福島県に供給すべきだった。さらに、放射性ヨウ素が顕著に存在していた30日以内に、避難者およそ6万人に対して甲状腺検査を政府は実施すべきだったが、これもまた怠ったのである。
3）飯舘村などの計画的避難の科学根拠とする住民の線量予測の過大評価である。文部科学省が根拠として4月に発表したのは、当時の線量がその後も一定であるとして、積算予測したことにある。現地では屋内退避勧告も出ていたので、予測には屋内線量を基礎にしなければならないのは明白だが、それに反して大きな値である屋外値で計算した。本当は、ガラスバッチなどの個人線量計を住民の2～3割ほどに装着させ、実線量を測定し、それを基礎に線量予測すべきことである。それをもとに、環境放射能の減衰により、低下する線量を予測計算するべきなのだ。そうした科学を無視した政府の避難勧告は信用できない。
4）政府は、福島第一原子力発電所内の事故処理作業員の年間線量限度を勝手に250ミリシーベルトに引き上げた。この線量は危険なので止めさせたい。その理由は男性の一時的不妊症になるしきい値線量

表9 確定的影響の例とそのしきい値線量

影響	しきい値線量（シーベルト）
一時的不妊	
男性（精巣）	0.15
女性（卵巣）	0.65
永久不妊	
男性（精巣）	3.5
女性（卵巣）	2.5
一時的脱毛	3.0
白内障	2.0
胎児被曝	
流産（受精〜15日）	0.10
奇形（受精後2〜8週）	0.10
精神遅滞（受精後8〜15週）	0.12

平成23年震災後に緊急作業者の年間線量限度を政府は250ミリシーベルトに突如引き上げたが、上の表の単位に合わせると、0.25シーベルトとなる。
この値は、男性の一時的不妊のしきい値線量0.15シーベルトを0.10シーベルトも上回る。一般福島県民に本表の記載のリスクはない。

が150ミリシーベルトなので、250ミリシーベルトではさらに100ミリシーベルトも上回っているからである。若い作業員たちの子どもに奇形児が生まれる恐れもある。放射線防護学を無視したこうした危険なルールを強いる政府の暴走は絶対に許すわけにはいかない。

15 未曾有の核災害はウイグル、核の黄砂が日本全土に

　福島原発でも、20キロから30キロ圏内の住民の計画的避難が取り沙汰されているが、チェルノブイリ原発から漏れた放射線の量と福島原発から出た線量は全く比べ物にならない。科学的な見地から述べると、政府の介入は過剰だ。むしろ、長期の避難生活による健康被害と経済損失のほうが明らかである。

　これ以上の避難拡大には意味がない。環境の放射線は、次第に低下する法則にある。国家としては、こうした地域の生活の安定を、積極的に支えるべきだ。この問題は、福島県だけの問題にとどまらず、日本の弱さ、政府の弱さを世界にさらけ出す結果となる。今こそ日本人の知恵と勇気を世界に示さなくてはいけない。

　津波に誘発された福島核災害は悲劇ではあるが、最悪の事態ではない。広島・長崎の核災害や、チェルノブイリ事故と比べたら明らかである。未曾有の核災害は、シルクロード楼蘭遺跡周辺のウイグルにある。冒頭述べた中国による楼蘭核爆発災害である。地表核爆発で放出された総放射能はチェルノブイリの500万倍である。しかもこれは、世界の目から長年覆い隠されてきた。私の世界調査で、これ以上の悲劇はない。救いのない地、世界の支援が全く届いていないのだ。

　この地域から核の黄砂が、長年にわたり、日本へも降っていたことさえ、ほとんどの国民が知らない。メディアはこの事実を決して報じようとはしない。日本人の骨格に放射性ストロンチウムが蓄積している。筆者は、文部科学省からの研究費を得て、この研究を2年前から行っている。内部被曝線量はレベルDである。日本の全土が、その程度に汚染したのだ。昭和時代にメイドインチャイナの放射能で、米、野菜、牛乳が汚染した。迷惑な話だが、それでも、私たちは生きている。

16 核被災地は必ず復興できる

　世界の核災害地は復興している。チェルノブイリも、マーシャル・ロンゲラップ環礁も復興できるのだ。自然界も生物もたくましい。復興させるという強い意志を持てば、必ずできる。絶対にあきらめてはならない。

　総理大臣が福島第一原子力発電所周辺に「10年住めないのか、20年住めないのか、ということになってくる」と暴言を吐いたとされているが、断じて許されることではない。

　福島二本松市内の小中学校で保護者対象の講演相談会をしたときに、児童生徒たちの校庭での体育授業を心配していた。そのときには、しばらく屋内運動場での体育を中心にと助言した。

　その後、環境中の放射性ヨウ素も減衰消滅していった。今、半減期の長いセシウムの残留が気になるところである。この除去は可能である。学校外の周辺の山に大きな深い穴を掘り、そこに、校庭の地表3センチくらいを削るように除去し、埋めるのである。

　間違っても、校庭の表土をひっくり返すことはしてはならない。ソ連ではそうしたが、汚染が拡大するだけで、線量低下はほとんど期待できないのだ。失敗だった。

　地表の放射性セシウムを人から離れた場所に埋めることで、校庭の線量、学校の線量率は大幅に下げることが可能だ。県は早めに実施されたい。

　世界の核災害地と比べて、福島の放射線衛生上の実被害は極めて低い（10項表6参照）。より厳しい核被災地や核汚染地が復興したり、人びとが再定住している現実からしても、また放射線防護学の見地からしても、福島県はもちろん、福島20キロメートル圏内も必ず人びとが暮らせるようになる。その日は遠くない。

当地の科学調査を継続し、農家の協力のもと、家畜も調査研究すべきである。今回の災難を科学力で乗り越える姿勢が福島県と政府に望まれるのではないか。専門科学者のみならず、多くの心ある国民が、福島の復興を支援するはずだ。

コラム

2011年6月18日、南相馬市での講演会で報告した筆者のリスク評価

南相馬市の放射線衛生上のリスク
　　　　高田純　札幌医科大学教授　暫定予測評価　2011年6月18日

1　2011年3月11日から1年間の外部被曝線量
　　福島市の0.6〜2倍　　　レベルD

2　同1年間の内部被曝線量
　　甲状腺（ヨウ素131）　　レベルE〜D
　　セシウム全身　　　　　レベルE

3　同1年間の内外被曝線量　レベルD

4　2年目の年間線量
　　外部被曝線量　　　　　レベルE〜D
　　内部被曝甲状腺　　　　レベルF
　　セシウム全身　　　　　レベルE
　　内外被曝総線量　　　　レベルE〜D

おわりに　東京での緊急報告会

　震災の翌月に行われた東日本放射線衛生調査の終着地は東京だった。その日の午後2時に福島第一原子力発電所の調査を終えて、高速道路が地震で寸断されているなか、東京に向かった。
　当初の計画で、筆者の東京の仲間たちが、北区「北とぴあ」スカイホールで緊急報告会を用意していた。急な案内にもかかわらず100人を超す人たちが、政府発表だけではわからない福島の放射線のことを知ろうと参集した。
　予定時刻18：30の5分前に会場に到着した私は、大きな拍手で迎えられた。札幌からの旅行の道中に整理した測定データや写真をパワーポインのスライドにまとめ、最終日の調査結果も東京に向かう車内で組み込んだので、会場に入るや否や、お茶を飲む間もなく、皆さんへ挨拶し、報告の講演を行った。調査旅行中も筆者のブログ（日本シルクロード科学倶楽部）で実況報告していたので、さながら、24時間番組「愛は地球を救う」のマラソンランナーのゴール武道館入場のようだった。
　後半は、東京、千葉、埼玉の計3人の甲状腺線量の検査もデモした。また、福島土産の蒲鉾も会場のみんなと食べ、福島の神社宮司さんからいただいた地酒は懇親会の席でみんなと飲み、風評被害を吹き飛ばそうと声を上げた。このときの様子はチャンネル桜などに撮影され、ユーチューブに動画がアップされているので、一度ご覧いただきたい。
　東日本放射線衛生調査と緊急報告会の成功を受けて、福島を人道科学で支援する会が立ち上がった。福島県民と心ある国民を結ぶ素敵な会が生まれ、筆者は本当にうれしい。福島を応援する皆さまに感謝申し上げます。

2011年4月12日
新宿医師会での講演と質疑応答
（高田純：東日本放射線の状況調査．新宿医師会誌，2011 より）

丹波 このたびの東日本大震災で、地震による未曾有の大災害が起きてしまいましたが、それに伴って発生した福島第一原子力発電所の事故は、1か月以上たっても収束の兆しはありません。前代未聞の原発事故で一番重要なことは、人体に放射能がどのように影響を与えるかということです。メディアから発信されている情報だけではよく理解できていないのが現状で、大変気がかりです。

今回お招きした高田純先生は、フランス、アメリカの核実験被曝調査や、ソビエト・セミパラチンスクの調査、中国の核実験調査を実践され、放射線防護学では世界的な権威者であられます。

このような状況のなかで、高田先生をお呼びできたことは非常に幸せに思っております。

私どもは事実を知らなくてはいけないと思っています。特に医療関係者は事実に則って患者さんに言わなくてはいけません。ぜひこの機会に、放射線防護について認識を深めていただければと思います。

また、一番困っておられるのは福島、茨城、宮城の農家の方々で、何が何だかわからないという状態だと思います。特に苗床だとか、稲を植えなくてはいけない、そういう時期なのにこんな大変な事態でどうしたらいいのかと。そういったことに対する先生のご意見と、あるいは私どもがどういうふうに協力できるか、というふうなことがあると思いますので、先生、ひとつよろしくお願いいたします。

高田 今回は新宿医師会の皆さんのお招きにより、このような講演の機会をいただきました。私は札幌医科大学医療人育成センターに所属しております。大学院医学研究科では放射線防護学という珍しい学問を担当しており、指導教授を務めています。

皆様のテーブルに配付されている講談社ブルーバックス『世界の放射

線被曝地調査』は、2002年1月に出版された私の研究活動のレポートです。広島を原点にした世界の現地調査、特にソ連のチェルノブイリ周辺、核実験場であったカザフスタン・シルクロード・セミパラチンスク実験場周辺の健康影響、マーシャル諸島ビキニ周辺・中国の楼蘭遺跡周辺での核爆発、こうした世界の核被災地を自ら測定して廻っています。今回、よもやこういうことが日本で起こるのかと思ったのですが、いかなる場合でも放射線防護上のことや、放射線衛生上のことなど、そのつど専門家として対応できるように日ごろいろいろ準備をしておりました。それが図らずも日本の役に立つときになったかなと思います。

　先週、4月6日に札幌を出発し、10日には福島第一原子力発電所の敷地境界周りへ行っており、そこから東京に向かって、東京北区「北とぴあ」で報告会を行いました。その報告会に加え、本日東京都内で測定した最新データを含めてお話ししたいと思います。

福島第一原子力発電所前での測定

　4月10日午後2時、福島第一原子力発電所正門前で計測しました。私は防護衣、防護マスク、めがね等は装着せず、普通の恰好でした。ここではガンマ線線量率、毎時35マイクロシーベルト、1日線量0.84ミリシーベルトでした。ということは、胸部X線撮影8枚分くらいです。1日中この場所にいた場合です。24時間もここに立つ人はいないと思いますが、24時間立ち続けるならばX線撮影8枚分ということになります。

　いきなりここに立ったわけではなくて、福島市から車で少しずつ接近していって、20キロメートル圏内の調査も含め、いろいろな調査を終え最終的に、もちろん安全を確認しながら接近していったわけです。

　さてこの値は、チェルノブイリがよく引き合いに出て、今日の夕刊に「チェルノブイリと同じレベルの災害レベル7である」と出ているわけですが、このデータを見るかぎり核放射線レベルとしては全く低いレベルで、チェルノブイリ4号炉の緊急時に比べ、線量的には2000分の1ということになります。

　この推定は当時の放射線防護上の、いくつかのデータから見積もって

います。チェルノブイリの勤務医、ベクロン医師が負傷した人たちを救急的に対処していて、急性放射線障害になっています。チェルノブイリの敷地内で急性放射線障害を起こす線量というのは、シーベルトでいきますと1から3シーベルトです。この医師は死亡しておりません。仮に2シーベルトとしますと私の線量の2000倍以上ということで、チェルノブイリと比較すると福島第一原子力発電所正門あたりの線量は2000分の1以下ということになるわけです。

チェルノブイリ事故のときは急性放射線障害での死亡者はおよそ30人います。今回の地震はマグニチュード9.0、それに続く巨大津波で発電所が大きな影響を受けたわけですが、このときに急性放射線障害で死亡した運転員は1人もいないということです。したがって、線量的に高いものがなかったということは、そこでも見えています。

さて、この4月6日から10日にかけて、こういった目的で調査をするということで私は札幌を出発しています。放射性核種の存在の有無と量、現地の線量率。現地といっても札幌から出発して青森、仙台、福島、東京と、東日本の放射線環境がどうであるかということを調べました。調査員は私ですが、個人線量評価は積算線量になります。それと、福島の災害と世界の核災害との比較、現地の放射線衛生上の科学を調査するのが目的です。

また、現地には被災者がおり、その住民の人たちの放射線に対する心配事に専門家として答えることです。一番危惧されるのが甲状腺への影響で、放射性ヨウ素がどのぐらい甲状腺に蓄積しているか、それを調べて被災者を中心にそれを教えるといったことで対応してきました。

現地には持ち運び可能な、いわば移動式の実験室のようなものを一式持っていきました。ガンマ線サーベイメータ、個人線量計、プルトニウム等を検出できるアルファカウンタ、GPS、ノートパソコン。最新の機器では、アメリカがテロ以降、核兵器テロを受けないために核物質の検出を行うように開発された小型のガンマ線スペクトロメータがあり、これで核種判定をしました。私はこれまでこういった機器を持って世界中を調査してきましたが、そのほぼ同じやり方で、今回、東日本の調査を

行いました。

　そのなかで、人の前歯のベータ線を測ることで人体の骨格の放射性ストロンチウムを評価するという方法も開発しています。この方法は、日本人を対象にした調査にも適応しています。特に1964年以降に中国の核爆発による日本への核の黄砂の降り積もりによって、放射性核種が日本人の人体に取り込まれ、骨格に放射性ストロンチウムが蓄積しています。

線量6段階区分

　さて、最初に線量ということを説明いたします。線量とは、人体が受ける放射線の吸収エネルギーのことですが、全身に受けたとき、体重1キログラムあたり1ジュールのエネルギーを受けた場合に1グレイ。それを全身の放射線の臓器ごとの影響を加味して、全身を評価した重みをつけてシーベルトという単位に換算します。がん治療で放射線を使うときに、グレイという単位を使いますが、リスク、安全を評価するときにはシーベルトです。

　4シーベルト以上を受けると、リスクとしては死亡。半数の人間が死亡する半致死線量が4シーベルトです。ですから、4シーベルト以上というのはリスク的に最も危険な範囲です。それをレベルAと私は命名しています。

　次の範囲で、1から3シーベルトは、死亡リスクはないがかなりの厳しい健康影響を受ける、急性放射線障害が発生するレベルBです。

　レベルCは、急性放射線障害としての自覚症状はないが、リスクが高い。0.1から0.9シーベルトです。

　生存者のレベルB、Cは発がんなどの後障害のリスクが少し高まります。レベルCは自覚症状がないが、ここで顕著な影響としては、妊婦の胎児への影響、流産や奇形発生というリスクがあります。これらレベルA、B、Cは危険な範囲ということです。

　次に安全な範囲もあり、レベルD、E、Fです。Dの範囲は自然放射線や医療現場でのCTなどの検査のレベルで、2から10ミリシーベルト。

自然放射線と医療放射線の世界の平均値が2.4ミリシーベルトで、レベルDです。レベルEは1ミリシーベルト以下です。0.1ミリシーベルトが胸部X線撮影範囲、自然放射線以下がレベルEです。Fはさらに低く、放射線の影響のない範囲です。

　こうしてレベルA、B、C、D、E、Fと6段階に分けられますが、放射線医療従事者、放射線科での職員、あるいは原子力施設職員が法律的に規制されている年間線量限度がCとDの間にあります。年間最大は50ミリシーベルトですから、CとDの間は職業的な線量の限度です。

　法律では緊急時の線量限度として、今回のような場合、0.1シーベルトを年間限度にしています。この事故災害の途中で報じられたのが、緊急時の線量限度を0.25シーベルトに引き上げると、突如そういうことが出てきています。どういう議論があったのでしょうか。

　札幌から出発して各地域がどのレベルになっているのか、これをまず調べるということになります。

　また、その場にてセシウムやヨウ素など核種の存在量を評価します。スペクトロメータで核種ごとのガンマ線のエネルギーが表示されますので、そういう核種が存在すればピークが出てくる。ただ、多数の核種が出てくる場合には、重なり合うということになって単純にはいきません。フラッシュメモリに記録がされますので、あとで分析が可能です。

　次に線量率、あるいは蓄積線量を調べます。2種類あり、日本製は最大で毎時20マイクロシーベルトと、比較的低線量を測ります。フィンランド製は致死線量まで測れます。私が万一原発の調査中に線量で死ぬことがあるとしたら、何シーベルトで死んだか後でわかるという形で、いくらでも測れるものを持っていきました。過去の例でも、日本製で測れなくなるような線量のパルスを世界で調査していますので、こういったものを持っていかないといけないと今回は思いました。

各地の測定

　札幌をJRの特急で出発して、函館、津軽海峡のトンネルを越えて青森に到着。車内でもずっと測り続けます。この間は自然放射線レベル、

すなわち先ほどの階段で一番低いレベルFです。青森に着いて公園で測りましたが、人工的な核種は見つかりませんでした。ということで、福島と青森の距離はおよそ400キロメートルで、北海道と青森は今回の福島原発事故の影響を受けていないことがわかりました。

　翌日、青森からバスに乗って仙台に向かいます。途中、岩手県あたりから線量率が上がって、前沢サービスエリアでの測定結果は毎時0.57マイクロシーベルトと、レベルEになっていきます。

　仙台では大きな地震の被害の爪跡は見えませんでした。ただ、都市ガスが止まっていて、市内のホテルはお湯が出ないという状態にありました。市内の公園での測定結果で、はっきりとセシウム137が検出されています。それ以外にも、今は核種同定できておらず寿命の短いものと想像できますが、核種のガンマ線があります。これは何か月かすると、強いガンマ線は消えていくと思いますが、チェルノブイリ事故や10年後のカザフスタンの実験場で測ってもセシウム以外は出てきません。ですから、こういった強いガンマ線はじきに消えるものだと思います。仙台市内の環境中の放射線は、毎時0.2マイクロシーベルトということで、仙台はレベルEです。

　翌日、仙台から福島へ出発。仙台では震度6強という余震に襲われましたが、そのときは駅前のホテルの19階にいて、30キロ近くあるかなり重い測定器類を非常階段で息切れしながら下りて、朝9時半のバスにどうにか間に合い仙台から福島に向かいました。

　福島市内に着くとレベルEからDという範囲になります。その日は二本松市を調査しました。市内の避難区域である浪江町は原発から20キロメートル圏内で、そのときは住民200人が避難していました。そのうち70名が私の説明会に参加され、うち希望者40名に甲状腺線量検査を行いました。

　翌日、浪江町などで線量を調査しました。浪江町は、住民は避難しましたが、牛などの家畜が放置された状態で、本来は家畜も避難させないといけないのに残されたままになっていました。チェルノブイリ事故のときは、多数のトラックを持ち込んで家畜を何万頭と避難させています。

あの共産主義のソ連ですらそういうことをやっているのに、日本の菅政権はやらなかった。政府の避難指示の犠牲になって、飼い主と家畜が離ればなれになっていました。

長期予測というのは困難ですが、こういった地域の線量率を100日分積算したときの線量を出しており、DからD＋という値になります。放射能は今後どんどん減って減衰していきます。簡単な減衰の方式というのは、7倍の時間が経つと全放射能が10分の1に減るという法則があります。

例えば1日目と1週間後は10分の1に減る。49日後はさらに10分の1ということで、放射能は100分の1に減衰する。ですから、あまり長期にわたって「掛ける何日」ということにはならない。どんどん減っていくということ。今の線量が100日間継続したときの、多目に見た線量予測になっています。

こういった多目に見た線量予測で住民を避難させると大混乱になると思います。放射線に対するリスク回避は、別の意味ではリスクを増加させることにもなるわけです。1日、2日の避難は大きな問題はないと思いますが、ひと月、ふた月の避難になるとそれだけで別の健康リスクを負ってくるので、こういった避難というのは、社会的ないろいろなファクターを加味して、リスクをミニマムにする方策を考えないといけないと思います。

浪江町での測定中、遠くにいた牛がどんどん私に寄ってきました。牛というのは人間と暮らしているので、人がいなくて、危害を加えなさそうな人を見ると懐かしく、集まってきます。全頭といっていいのか、私のほうを向いて整列したかのようにこちらを注目していました。また、何頭か死んでいる牛もいました。

この浪江町のガンマ線線量率は毎時17マイクロシーベルト。私が仮にここで1日調査をして、24時間いることはまずないですが、24時間いたとしたら0.41ミリシーベルトということになります。

20キロメートル圏内の避難区域をチェルノブイリと比較するとどうなるか。チェルノブイリの事故は1986年4月26日に発生し、緊急避難

区域30キロメートルの線量というのはわかっていて、避難するまでの数日間に最大750ミリシーベルトと測定されています。すなわち1日およそ100ミリシーベルトを受けたのがチェルノブイリ事故なのです。この浪江町の避難区域は1ミリシーベルトにも満たない。30キロ圏内とか20キロ圏内といっても、チェルノブイリの線量とこの福島の線量では全然桁が違うのです。今日の夕刊で「事故レベルが7でチェルノブイリと同じである」という発表をしていますが、こういった線量のリスクから考えると桁が2桁ないしは3桁低いのが事実です。本当にこの20キロ圏内から避難しなくてはいけなかったのかどうか、簡単には判断できません。チェルノブイリと同じ基準にはなっていないということはまず言えます。

　この浪江町で牛を飼っている人が、世話をするため自発的に来ていました。この方は元浪江町議会議長・山本幸男さんです。彼は憤りを持っていて、これらの家畜にはリスクがあるのか、ないのか、科学的に調査をしてほしいと訴えていました。当然のことだと思います。牛小屋に動けなくなった牛がいましたが、だれも水を与える人もいなくて、相当喉が渇いていたようなので、この日雨が降り水たまりがあったため、バケツに水をとって牛に持っていくとすごく喜んで飲みました。でも、この後、私たちはいなくなりますので、この牛がどうなるのか。牛たちだけじゃなくて、ほかの動物もいる。放置されたペットである犬たちもやはり人が懐かしいのか、調査に来た私たちに近づいてきました。

　さて、福島第一原子力発電所の境界敷地でも測定しました。原子炉の排気筒が見える場所で、ここの線量も1日いても1ミリシーベルトに満たないということで、レベルEでした。

　環境の放射能数値を自動観測する設備、モニタリングポストの位置の何か所かで測定しました。また、この敷地境界でアルファ線検出などを行っています。アルファ線も最大で毎分7カウントでした。私の過去に測定した例では、核爆発した場所では毎分100カウント、200カウントまでいきます。それはプルトニウムの放射するアルファ線で、福島第一原発敷地境界でもプルトニウムによって高濃度に汚染されていないとい

うことがわかります。

　先ほどの「1日ここにいたら」という、避難区域ですが、1日の線量が4月9日段階でレベルE、1ミリシーベルトに満たないということで、一時的な家畜の世話というのは放射線衛生上の危険はないという判定になります。したがって、現在でも家畜の世話に避難民がここに来ることは問題ないと思います。

　甲状腺の線量検査ですが、調査員の私たちも含めて延べ89人検査しました。皆さんご存じだと思いますが、例えば放射性ヨウ素131を体内に入れると甲状腺に蓄積するので、甲状腺に線量率計を持っていくと顕著に放射線が検出されます。その線量率から甲状腺にたまっている放射性ヨウ素131の放射能の量を評価することが可能です。私は10年前に文科省の科研費テーマ「内部被曝線量その場評価法」で、甲状腺のヨウ素量を評価する方法を研究していました。その方法を使って今回、福島県の人たちを測定したわけです。

　甲状腺に蓄積した放射能は3キロベクレルというのが最大値です。ということで、暫定ですが、甲状腺線量が7.8ミリグレイと推定されました。これに対しチェルノブイリの被災者の最大値は50グレイです。私たちが今測っているのはミリですから6000分の1になるわけです。福島県のほとんどの人はもっと低いということで、甲状腺がんの発生のリスクはないと判断できます。チェルノブイリではどうであったか。甲状腺の線量が最大で50グレイ、ある地域の平均が3グレイで4000人以上の子供に甲状腺がんが発生しています。線量の違いから、福島県の場合は、甲状腺がんは発生しないという予測になります。

　今日の新聞発表の「チェルノブイリ原発事故と同じレベル7」は、だいぶ現実と乖離していると言わざるを得ない。どういう専門的な評価でこうなったのか、これから確認していかないといけないと思いますが、一部の原子力安全・保安院等の見当だとしたらまずいのではないか。国内の専門家が発電所のなかに入っていないというのが問題だといろいろなところで言われています。災害対策本部も科学的な専門家の体制はいかがなものか、非常に疑問を持っています。

福島　嘘と真実

まとめ

　東日本放射線衛生調査の結論です。まずは100日予測線量レベルですが、高目に見て全県とも安全な範囲、すなわちレベルがD、E、Fという範囲にある。20キロメートル圏内ではレベルD＋ということで、今、一時的な避難をしていて、じきにおさまるだろうと見ていますが、今の政府のやり方だと永久に避難を解除しない恐れもある。また20キロメートル圏内は1日線量がレベルEということで、一時的な家畜の世話は可能だと思います。一方、チェルノブイリの30キロメートル圏内の緊急避難地は1日線量がレベルDからCでした。

　過去にあった主な核災害の比較表があります。広島・ビキニ・楼蘭の核爆発、チェルノブイリ黒鉛炉、福島軽水炉の災害です（本文10項表6参照）。

　急性死亡者数は、広島10万人、ビキニは0人、楼蘭数十万人、チェルノブイリは30人、福島は0人です。

　後障害では、広島は生存者5万人で白血病死0.18％、固形がん0.68％。ビキニは被災者67人で甲状腺がん7.4％、白血病死1.5％。楼蘭ですが、これは中国政府が発表していないので不明なところが多数あります。チェルノブイリの場合、先のとおりです。福島は死亡者0人、20キロメートル圏内は20ミリシーベルト、30日後の1日線量は0.5ミリシーベルト、甲状腺内部被曝線量は0.001グレイ以下ということです。

　福島はまだ事故が収束していませんが、福島第一原子力発電所の敷地境界に1日いても健康影響がないというレベルにありました。ですから、いかに今日の夕刊に出た「レベル7」というのは、本当にどういう根拠で言っているのか。チェルノブイリと同レベルの事故、核災害であるというのは当たらないわけで、原子力安全・保安院は現場を知っているのかと疑問に思います。

　30キロメートル圏内は、今後、原子炉の冷却等が行われれば放射性物質の封じ込めが可能になると思いますので、そうなれば避難は解除できる。また、これ以上の避難拡大はマイナスが多いと私は思います。避難生活をしている人たちの体育館等での暮らしの長期化というのは、逆

に健康や経済的なマイナスが多い。ですから、こういった長期に及ぶ社会的な対処というのは、いろいろな部分をバランスかけて判断しないといけないので、この微量線量に対するリスクだけを論じては誤った方策になると思います。

　さて、最後ですが、今日、都内の測定を一つしてきました。場所は文京区、地下鉄後楽園駅前の公園です。線量率から見る線量レベルはEです。では、もし都内がレベルDやD＋になったら1000万人を移住させるのかということにもなるわけです。単純に低線量のリスクだけで、多数の住民への介入を行ってはいけないと私は思います。

　ということで、福島産のものもいろいろ食べられるわけで、このときも調査の後にパーキングエリアで福島産の野菜がたっぷり入ったラーメンを完食させていただきました。多少の線量を恐れることなく、食品などは洗えば十分食べられるのですから、皆さんもそういった気持ちで福島を見ていただきたいと思います。

　以上です。ありがとうございました。（拍手）

質疑応答

丹羽　高田先生、ありがとうございました。質問のある方、いらっしゃいますか。

A氏　先生、ちょっとほっとするお話をありがとうございました。ところで線量ですが、先生は空中に漂っているのを測ってきたのですか。それとも地面を測ってきたのですか。

空間線量測定の基本

高田　空間線量を測るときの基本は地表から1メートルです。人体、空間線量は高さ1メートルのところを測ります。

A氏　それは「レベル7」とか言ってるときも、先生の測るときは全く同じ条件ですね。

高田　人体を考えると高さ1メートルを測るのが妥当だという考えです。

A氏 私は素人ですから単純に思うのですが、被災地で2日ぐらい前に大量の雨が降りましたね。宙に漂っていた放射線が雨によって下のほうに落ちてきて、また宙に上がってくるのですか。

高田 それは上がります。

A氏 上がりますね。そうしたら、今日はすでに線量は変わってるのではないでしょうか。

高田 線量のリスクは刻々と変わります。ですから、線量というのは積算しないと本当に正確なものは出ません。

A氏 そういうことですよね。ですから、そういう意味においてもレベル7だからハイリスクだ、どうのこうのって言っていることも、ちょっと私もわけわからないなと思っていたのです。刻々と変化しているのだとすると、先生のお話だけでも私はちょっと悶々としているんです。でも、実際に福島原発の敷地内に入って実際行ってみないと予測不能ですよね。

高田 敷地内というのはわれわれが入れるところではありません。敷地の外でしか調査できないし、敷地の外に住民というのは暮らしているもので、そこを測るのが基本方針です。

A氏 またこれは私の勝手な考えで、先生の今日のお話とずれてしまいますが、例えばアメリカの偵察機を使って福島原発のなかを徹底的に調査して、アメリカの国防省で分析してデータを日本政府のほうに送っても、日本政府がそれを公表しないということは、やはり相当敷地内の危険度が高まっているのではないでしょうか。

高田 その辺はわかりません。線量率は1メートルのところを測りますが、アルファ線検出は地表そのものを測ります。あとは、ガンマ線スペクトルはほぼ地表10センチで測っています。蓄積線量というか積算線量ですが、6日から今日までの積算線量は0.1ミリシーベルトです。福島の20キロ圏内は2日間にわたって数時間ずつ行っていますが、それでも積算線量として0.1ミリシーベルトです。そして、都内に来てほとんど積算線量は動いていません。

レベル7の根拠と矛盾

B氏 私も今、A先生がおっしゃったように行政発表と全く違うのでびっくりしたのですが、原子力安全・保安院の方々がレベル7とした根拠は何なのかと。

高田 私も今日の夕刊ぐらいの情報しかありませんけど、夕刊を見ますと原子力安全・保安院のレベルの決定は放出放射能の量だけで決めてるんですね。ちょっと古いデータですが、チェルノブイリのおよそ10分の1の放射能になっていました。原子力安全・保安院の推定は、原子炉というか福島第一原子力発電所から環境に放出された放射能の総量がチェルノブイリのおよそ10分の1。その推定が正しいのか間違っているのかわかりませんけれども、その数値からいくとレベル7となるようです。ただ、それがどういう専門家の間の評価になっているのか根拠が出ていません。周辺の線量を見るとどうも矛盾が起こってくるので、もう少しオープンな形の専門家の討論が必要じゃないのかなと見ています。

B氏 先生のお話を総括するというと失礼ですが、今の原子炉がコントロールされていれば何も問題ないということですね。

高田 今後のことについては、時間とともに冷却するということと……。

B氏 それを前提に、ですよね。

高田 ええ。冷却がある程度済めば、工事として封じ込めができると思いますので、その段階で事故収束となるので避難が解除できると思うのですが、それがいつどうなるのかと、その辺に注目しないといけないかなと。

C氏 先生に伺うのは場違いかもしれませんけれども、私たち一般市民のもう一つの関心は、本当に事故が収束するのかどうかということです。完全に収束していない以上不安定な状態におかれてしまい、とりあえず逃げたいというのが私の心理です。そういう原発の安全のことについての質問は難しいでしょうか。

高田 私は原子炉の技術の専門家ではないので言えませんが、ただ、今の段階ではやはり不安定なので、今避難している人たちが元の住居に定

常的に戻るのはどうしても無理があると思っています。ただ、家畜を放置している以上、一時的に家畜の世話に来るぐらいは可能だろうけれども、家族全員で普通に寝泊まりすることはできないが、一時的に、いつでも身軽に行き来するという形だったら可能だろうと思っています。
C氏　何か危ないことがあったら警告してもらって、その場で逃げるという態勢を国がしっかり対策しろと。そうすれば最低限の日常生活はできるのではないか、そういうことをしないのは、ある視点から見るとおかしなことではないか、そういう意味でよろしいですか。
高田　そうですね。生活というよりは、一時的な家畜の世話ぐらいということですね。そこに子供とか老人、すばやく動けない人まで今戻るのは困難だろうと思います。

　例えばこれに限らず、三宅島火山噴火のときの避難がありましたね。あれは火山が安定化してない、活発に動いているときにあそこに暮らすのは危険であって、たしか何年か避難生活をして、火山が安定化した段階で戻ったと思います。この例が、今回近いような状況であると思います。

　ですから、福島第一原子力発電所が技術的に安定化したことを見届けないと、元に戻って暮らすことには、最終的にはならないと思います。

農作物への影響と核爆発のデマ

D氏　福島県は農業や漁業が盛んなところですが、例えば現段階で稲作を制限すると新聞で報道しています。そういう必要は本当にあるのでしょうか。
高田　それは即答できません。これについてはもう少しデータがオープンにされて、われわれのような大学の研究者たちも含めてディスカッションしないと。一部の政府の機関が、学会の論議もなく「こうする」「ああする」という情報しか出ていませんので、そういうレベルのデータに対して判定はできません。そういう意味でも今回現地に行ったわけで、やはり大学レベルの専門家たちのディスカッションを経ないとまずいと思っています。

D氏 土壌にたまった放射性物質は、農作物にどのような影響を及ぼすのでしょうか。

高田 このような例は今回に限らず以前にもありました。中国の核爆発のときに相当日本の地表も汚染しました。1964年から10年近く、かなりの放射性物質が日本全土に降ってきました。

死体解剖で骨のなかのストロンチウム90を分析した日本放射線医学総合研究所のデータがあります。胎児、幼児、成人全てがストロンチウム汚染が起きてレベルDになっているんですね。ただ、このときも米作は続いていました。結果、食物連鎖で日本人の体に入っていくわけですが、そのストロンチウムの内部被曝線量を評価するとレベルDになるということです。しかしレベルDだからだめということはない。レベルDだから稲作やめるんだ、5年ぐらいやめるんだと、そういうことにはなっていません。

今回、福島に対しては、米をつくっても大きな影響はないとは思います。ただ、別のファクターで、心理的に「福島の米以外もある」という発想になれば、福島の米は売れなくなることが考えられます。

E氏 実際に先生のお話を聞いていて、皆さんから出ていない内容で気になっている点が3つほどあります。まず、セシウム137は半減期が30年と言っていますが、「食事のなかに入ったら死んでしまいます」と。これはどうですか。

高田 よくある質問の一つです。ヨウ素の場合は半減期が8日。それに対して、今の政策としては、ヨウ素131で汚染された牛乳を流通させない、出荷しないという出荷停止命令になっています。ですから、8日ということは80日後には減衰によって放射能が1000分の1に低下します。福島で一番汚染した牛乳の放射性ヨウ素のレベルが5000ベクレルだったと思いますが、そうすると80日後にはキログラムあたり5ベクレルになります。5000ベクレルだからといって病気になるレベルでは全くないのですが、気持ちの問題です。その牛乳は今捨てているのですが、バターのように固形化して保存すれば80日後には食べられる。キログラムあたり5ベクレルになっても食べられるんです。

セシウムの場合は減衰しないと思います。半減期が30年ですから、ひと月たっても1年たっても減らないと思います。では実際、中国の核実験とか1986年のチェルノブイリ事故ではどうであったか。あのときも日本に降ってきたセシウムの量がポンと上がるのですが、大体翌年か翌々年にはかなりなくなってしまいます。環境半減期というのもありますが、環境的に減っていくというのもある。あとは、人体に入ったときは物理半減期ではなく、生物半減期といいます。これは多分皆さんもわかると思いますが、薬を飲んでも体の外に出ていく、そのファクターがあって、セシウム137の生物半減期は100日です。ですから、仮に1万ベクレル体に入っても、100日後には5000ベクレルに減っているということです。

私は実際に自分の体を使って実験したことがあります。チェルノブイリで一番汚染されている地域に行って、農民からもらった放射性セシウムで汚染されたキノコを食べました。食べた後、自分の体を測ったら4000ベクレルあり、毎日毎日、自分で測りました。そうすると、全く教科書どおりに100日で半減しました。これは自著の『世界の放射線被曝地調査』（講談社ブルーバックス、2002年）に詳しく掲載しています。

ということで、物理半減期イコール人体影響の半減期ではないということと、もう一つ、これは世界各地で環境中の放射能の減衰を調べますと、セシウムといってもいくつかの地域を調べると7年ぐらいの環境半減期があります。ですから、環境がいったん汚染しても、実験室の試験管中のセシウムであったら30年ですが、環境中ですと雨で流れるファクター、風で吹き飛ばされるファクター、あるいは食物で吸い上げられて消費されてなくなるというファクターもあるということで、必ずしも物理半減期30年そのものではないんだと、このように思ってください。

E氏 あとは、恐らく一番気になるのは「爆発するんじゃないですか」と。

高田 核爆発というやつですか。

E氏 そうです。

高田 ウランがあるから何かの拍子に核爆発するというふうに思われる人と、「核爆発するぞ」と脅してる人が世の中にいます。インターネッ

トかどこかで「あれがいつか核爆発する」と。それは全く嘘、デマです。なぜか。日本の軽水炉はウランを主に使っていますが、広島に使われたウラン爆弾、ウラン230の濃縮率は90パーセント以上です。この発電に使う燃料の濃縮率は日本の場合ですと濃縮率は3から4パーセントです。まずこの濃縮度では爆発的な連鎖反応は起こらない。

　もう一つ、爆発させるためには、広島の爆弾もそうですが、かなり厚みのある金属の容器に入れないと、中の圧力が高まったときに被覆、周りの容器が先に溶けてしまうので爆発的な膨張が起こらない。今の燃料棒の被覆管というのは非常に薄いもので、圧力が高まる前に被覆管が溶けてしまう。だから爆発的な膨張は起こらない。

　そういう二つの意味で軽水炉のウラン燃料棒は核爆発しない、原理的に絶対にしないということです。

E氏　もう一つ伺います。文京区の公園でレベルEということでしたが、一昨日、千葉、埼玉、東京の人は全てレベルFであったのはどうしてですか。

高田　その話は今日していなかったのですが、一昨日、東京に着いてから報告会に来た人の希望者3人に対して、東京都民、千葉、埼玉、この3人に対して甲状腺のヨウ素量測定をしました。喉元に線量計を置いて、その線量率が高まると、高まった部分との差でヨウ素量を評価します。その3人の調査をすると顕著な放射性ヨウ素が見つかりませんでした。ということで、線量的にレベルFでした。

　今日の日中は、時間があったもので文京区の公園の草原で測りました。すると、セシウム137が顕著にボンと出てくるのです。その他、半減期の短いのもあって、ガンマ線、空間線量率が0.15マイクロシーベルトということで、私は都内で過去に何度か、こういうことが起こる前にも東京都のデータをとっていましたが、過去の値より顕著に高い。ですからレベルがFではなくEであると。

　甲状腺はF、環境はE、なぜか。一つは、人というのはずっと外にいません。日本人のほとんどは24時間中、屋内にいる時間が20時間ぐらい、数時間しか屋外にいません。まして、屋外のものを直接食べている

わけではない。今、私たちの食べてるものはちょっと前のもの、米でも去年の米とかですね。あるいは輸入食品とか、いろいろなことで直接東京都の環境の何かを食べているわけではない。そういった時間差のことや、屋内・屋外の違いということで時間差が出てくるんですね。ホームレスでずっと屋外にいて、マスクもしない人は少しずつ上がってくるかもしれませんが、今のところ都民の甲状腺には顕著なヨウ素は出てこない。ということで、環境の値と人体の値に時間差があるということです。

　もう一つ、ヨウ素の半減期は8日ですから、ひと月、ふた月たったらそれもなくなるので、環境が今は汚染してても、それが人体に来るということも考えにくいと思います。

F氏　自分の患者さんに、原子力発電所をつくったエンジニアがおり、今も睡眠時間2時間ぐらいで現地に寝泊まりしている人ですが、彼が言うには、もう一発あそこで地震が来たら非常に危険だと。

　それで、先ほど先生は「原爆じゃないんだよ、あれは」と言われています。もちろん私のような一般人でも、原爆と原子力発電所はもともと全く違うことはわかっていますが、レベルのことをお聞きしているわけではなくて、いわゆる私が一番恐れているのは格納容器です。あれがもし破裂し、裂け目ができて露出したときのことです。

高田　格納容器がなくなると相当な放射性物質が環境に出てきますね。その事態は今はないですが、そういう事態になったら少しストーリーが変わってくると思います。

　ただ、それでもチェルノブイリと違うのは、黒鉛火災は起こりません。チェルノブイリの特徴は、まず格納容器がなかったということです。ソ連型は最初からないのです。日本の場合は格納容器があるんです。ですから、なかで何かあっても直接環境に出ないということです。

　もう一つは、ソ連型と日本型の違いです。日本は軽水炉です。ソ連は黒鉛炉で、大火災になったのは黒鉛が漏れ出し、燃えることによって放射性物質が熱で上空に上がってしまったのです。福島では吹き出す原動力がないので、火災はない。チェルノブイリは10日近く燃え続け、いったん燃えたのが、黒鉛が全部燃え尽きるまで消せなかったんですよ。

F氏　今2号機で、マンガチックに言うと一番下の格納容器、圧力容器とその外側の格納容器ですね、格納容器の下のところが破裂している疑いがあると。もうすでになっていますよね、下のところは。だからこそ水をかけたときに下に大量の高濃度の汚染水がたまっている。それが一部地表を通じて海に流出したと。何万倍ものあれが海に流出したことは事実で、環境への、周囲への影響が大量にあるということの定義に基づいて、チェルノブイリのレベルになったというのが、私の知識はNHKだとかのレベルしかありませんけれども……。

高田　私もそれしかない。

F氏　そういうことで、私が恐れているのは1号機にしても3号機にしても、それから2号機も下のほうが破損してるわけですから、そこからもし、裂け目というか、あんな分厚い鋼鉄製のものでも、もしもう一発地震が来て、破裂したときは、あんなことでは済まないわけですよね。

高田　そのときでも黒鉛火災が起こらない分は値引かれるということですね。今、放水してる分がどうしても漏れています。

F氏　下にですね。

高田　ええ、海へ。だから空中にいくというのが少なくて、放出放射能がどのぐらいかわかりませんが、何割かが海に流れています。その評価はちょっとわかりませんが……。

F氏　例えば仙台で測定するとか福島市で測定したのは、海に流れた分までは測定できないわけですし……。

高田　海にいった分、地表汚染はない。そう考えると、原子力安全・保安院が総放出放射能量と言うのは、相当数海にいっているのですかね。その辺はちょっと私の測定からは出てこない。それはじきにわかることではないかと思います。

E氏　あとは確実に半減するだけですね。

高田　半減していますね。放射能というのは減っていくという法則ですから。放射能が減るということは崩壊熱も下がるということで、温度も下がっていく。だから、放水でも何でもしながらとにかく時間を稼いでいるうちに熱は低下すると。その法則は、7倍の時間で10分の1になる

という法則で、1週間目で10分の1、原子炉の10分の1、49日後に100分の1の熱に下がり、1年後に1000分の1の熱に下がる。

　チェルノブイリの原子炉も冷却をした。ですから、どんな方法をとっても時間を稼ぐ、冷却の時間を稼いでいくということだと思っています。ただし、専門家たちは何かいろいろな策を持っているのかもしれません。

E氏　私が心配していたのがその点で、新しくまた爆発するとか、新しく増えていってしまうのでは、というふうに思っていましたが、先生は絶対にないと。

高田　それはないですね。

E氏　今までのものが減っていくだけだということであれば、確実に減るだけ、こういうことですね。

丹羽　原発のほうは、先生のお話を聞いて安心できるのですが、一番大変なのはこれからまた富士山かという説がありますが、その点はいかがですか。

高田　とにかく日本列島は4島で分かれていますが、プレートが重なり合うところに列島ができているので、多分、今に始まったことじゃなくてすごい地殻変動が古代から起こっている。それでもなおかつ、日本民族は優秀なのか、立ち上がってきたわけです。今回は未曾有の大災害ですが、それでも広島・長崎で20万人、東京大空襲で10万人が死亡しています。死亡人数からいけばもっと大変なことが過去にもあったので、今回の大災害でも、必ずや日本は乗り越える、諦めちゃいけない、そういうふうに思っています。

丹羽　ありがとうございます。いろいろな情報が出回っていますが、高田先生のお話のように客観的な目で見て事実に則ったことを言っていただくと、私どもも非常に勇気が出ます。

　高田先生、いろいろとありがとうございました。（拍手）

（了）

付録　世界の核災害

●チェルノブイリ事故災害
　　　　　　　　　（『世界の被曝地調査』講談社ブルーバックスより）
　1986年4月26日午前1時24分、ウクライナの首都キエフの北にある旧ソ連邦チェルノブイリ原子力発電所の4号炉が爆発した。前25日から職員たちが原子炉の安全性に関する試験を実施しており、緊急冷却装置のスイッチが切られた状態で運転が続けられた。26日午前1時23分40秒、原子炉の制御を回復させようとした全ての試みが失敗し、調節棒、安全制御棒を炉心に差し込み始めたが、途中で停止してしまった。そして1時24分の核分裂反応の爆発となった。
　その後9日間に渡り爆発を繰り返し、放射能の環境への漏洩を防止する格納容器のないソ連の原子炉からは多量の放射性物質が環境へ放出されてしまった。しかも黒鉛による高温火災が続き、2エクサベクレルと莫大な量の放射能が熱気流で上空に舞い上がった。そのため、ヨーロッパ、アジアなど世界中にチェルノブイリの核の灰が降った。日本でも顕著にそれが観測された。
　消防士たちは原子炉近傍の屋上で、隣接する三号原子炉への延焼防止と、発電所内のデーゼル燃料やガスタンクの燃焼防止を目標とした消火活動をした。その際、隊員たちは、個人用の放射線防護装置や線量計を身につけていなかった。その上、ベータ線から皮膚の被曝を守るためのきめの細かい防水加工の服や呼吸器を守るマスクがなかった。すなわち無防備の状態で、核の地獄に送り出されていた。
　モスクワの生物物理学研究所の病院部門・ソ連放射線医学センターでは、熱傷に対する外科チームが編成され、研究所から線量計測機器を病院に運び込んだ。翌27日、消防隊員ら129名のチェルノブイリからの患者を受け入れた。
　初診から30人が致死線量に対応する、急性放射線症状が現れていた。各患者の被曝線量値の情報は、治療方法の決定のため必要であった。そこで、末梢のリンパ球や骨髄の細胞の染色体異常の分析による生物的線量評価法が採用された。その結果、全身線量は1～14グレイと推定された。血液中の放射能測定から、中性子被曝を示すナトリウム24は検出されなかった。死亡した28人中17人が放射線障害が主な死因となった。
　シチェルビナ副首相を議長とした事故調査政府委員会が26日に現地に設置された。事故炉から3キロメートル離れたプリピアッチ市は、政府委員会

福島　嘘と真実

がソ連の国家放射線防護委員会の緊急避難基準のレベル（ガンマ線外部被曝250ミリシーベルト）を越えると判断し、市民4万5千人の避難を決定した。それは、1200台のバスで、27日午後2時に開始し、3時間で完了した。避難することにより、放射性ヨウ素の吸入量も減少させている。さらに市民たちは、ヨウ化カリウムを組織的に摂取したので、甲状腺への放射性ヨウ素の採りこみも低減させていた。

　5月1日深夜23時から、4号炉（黒鉛減速軽水冷却チャンネル炉）タイプの原子炉事故で放出する放射性物質の量を、最初に理論的に推測したパブロフスキーとイリーンとアバギャンが共同して、溶融した原子炉が水タンクに落下して生ずる水蒸気爆発からの、漏洩放射能量を推測した。その結果、半径30キロメートルの範囲で避難が必要との結論となった。2日の朝に、この水蒸気爆発の可能性を考慮した30キロメートルゾーンの緊急避難を勧告するレポートが提出された。その日の政府委員会で、避難の最終決定がされた。

　3日10時から午後7時にかけて、38の村7809人の住民のいる10キロメートルゾーンが避難した。4万2千人いる30キロメートルゾーンは翌日いっぱいかけて避難が始まった。300台のバス、1100台のトラックが、このために用意された。このとき1万3千頭の牛と3千頭の豚も避難させなければならなかった。これら避難は、6日に完了した。なお、3日、30キロメートルゾーン境界に沿って、監視ポストを建てて、通行の厳格なコントロールを始めた。

　国防省の中央陸軍医療部門は、5月5日から五つの大隊と250人の軍医によって、避難民を1日に、1万から1万3千人を検診した。しかし線量測定のための機材も専門家もいなかった。そこで活躍したのは、生物物理学研究所のロマノフのグループだった。1970年代に開発した車に放射線機器を搭載した移動式放射線医学実験室で、ゾーン内を調査し、15万人を検査した。5月後半にはウクライナの子どもたち11万人の甲状腺内放射能測定が行われた。

　パブロフスキーは、10キロメートルゾーンのトルステイ・レス、チストゴロフカとコパチの村の住民が避難するまでに、最高で750ミリシーベルトの被曝があったと推定している。避難が、プリピアッチ市と同様に早期に実施されていたならば、住民の線量はもっと低減できたはずである。しかも、30キロメートルゾーンで生産されたミルクの消費が禁止されず、ヨウ素予防手段も講じられなかった。

　このため、ゾーン内の住民は、高いレベルで甲状腺に被曝を受けてしまった。ベラルーシ側ホイニキ村およびブラーキン村の18歳未満の子どもたちの平均甲状腺線量は、それぞれ3.2 および2.2グレイと推定されている。ちなみに、プリピアッチ市から早期に避難した7歳未満の子どもの場合、その平均線量が0.44グレイ、大人で0.15グレイである。

● スリーマイル島事故

（『お母さんのための放射線防護知識』医療科学社より）

　1979年3月28日、米国ペンシルベニア州のスリーマイル島原子力発電所2号機・加圧水型原子炉で炉心が溶融する事故が発生した。

　政府委員会の事故調査によれば、二次冷却系の主給水ポンプの故障はあったが、運転員の操作ミスが直接の原因で炉心の温度が異常に上昇し、一部が溶融し破壊した。ただし、格納容器の破壊はなく、火災も発生していない。さらに、この事故による運転員などの死亡もなかった。

　一部燃料棒の破壊に伴い、放射性核種を含んだ水が格納容器から補助建屋を経由して、排気塔から環境へ放出された。また一部は液体の形で、川へ放流された。

　この事故処理に関わった発電所職員261人の線量は、レベルDが256人で、レベルD＋が5人だった。危険な線量となるレベルC以上は1人もいなかった。この線量レベルは職業被曝として許容される範囲である。

　発電所に最も近い居住区の公衆の全身線量はレベルEで、安全な範囲。また乳児の牛乳摂取による甲状腺線量は5ミリグレイであり、甲状腺への健康影響として無視できる範囲だった。

　放射線災害としては、自宅への屋内退避のみで十分な放射線防護ができたことになる。実際、事故発生2日後になって、州知事により10マイル以内の住民の屋内退避を、午後には5マイル以内の妊婦と未就学児童の避難を勧告し、28の学校の閉鎖が実施された。しかし、この対策に疑問を持った住民たち数万人が自発的に避難した。また安定ヨウ素剤は州に4万4千人10日分が送り込まれたが、使用されなかった。

● 東海村臨界事故

（『世界の被曝地調査』講談社ブルーバックスより）

　日本原子力史上初の核災害が、茨城県東海村で、1999年9月30日に発生した。前日より、東海村にあるウラン燃料加工工場JCOの転換試験棟にて、作業員3名が、核燃料サイクル機構の高速実験炉「常陽」の燃料用として、ウラン粉末から濃縮度18.8パーセントの硝酸ウラニル溶液を製造していた最中の事故だった。

　核燃料物質は、ある量・臨界量以上が集合すると核分裂連鎖反応が発生するので、加工工場等ではその取り扱いや管理は科学的・技術的原理にもとづいて厳密に処置されている。しかしこのJCO工場では、愚かにもこの原理を無視し、生産性を優先させた危険な製造方法が採用され、臨界量を超えてしまった。30日午前10時35分、バケツ内でウラン粉末2.4キログラムを溶解した硝酸ウラニル溶液を、6〜7回沈殿漕へ注入したときに、連鎖反応が発生する臨界事故となった。その後、この臨界状態は、20時間継続し、周

囲へガンマ線および中性子線を放射し続けた。

その瞬間青い閃光を見た作業員の2人は隣室にいたもう1人とともに、通路でつながっている隣の建屋の除染室まで避難し、そこで意識を失った。ひとりの作業員が外部へ連絡し、10時43分東海村消防本部へ救急車が要請され、3人の作業員は救出された。

3名はいったん国立水戸病院へ運ばれ、応急処置を受けたが、千葉の放射線医学総合研究所へヘリコプターで転送されることになった。15時25分、放医研緊急医療施設に収容された。作業員たちは、個人線量計を身につけていなかったため、物理的・生物的な方法により線量評価が行われた。

最初に、急性放射線症状から推定して3人の線量は8グレイ以上、6グレイ以上、4グレイ以下と考えられた。線量値は、その後の治療を進めるために極めて重要な情報となるため、放医研の専門家の総力を結集して、その推定作業が取り組まれた。その結果、血球・リンパ球の減少、染色体分析、中性子の被曝で誘導された体内放射能の測定など結果から総合して、3名の線量は、それぞれ16～20、6～10、1～4.5グレイイクイバレントと推定された。

総合病院でない放医研では、治療のための専門医がいないため、2人の高線量被曝者は、10月2日と4日に、それぞれ東京大学医学部附属病院と同大医科学研究所附属病院へ転院した。前川和彦博士を委員長とする緊急被ばく医療ネットワークにより、末梢血幹細胞移植、臍帯血移植、皮膚移植などの懸命な治療が施された。しかしながら致死線量を被曝した2名は、83日目および211日に多臓器不全の状態で亡くなった。

ウラン沈殿槽から住宅街へ漏洩した中性子およびガンマ線の強度は、方向により大きな差があった。工場内の建屋の構造やその配置の差により、放射線が大きく遮蔽されたり、逆にほとんど無遮蔽で漏洩した方向があったことが、筆者らの調査からわかった。南西方向の至近住宅街は工場の建物にかなり遮蔽されていたのは、不幸中の幸いだった。西側350メートル圏内住宅41軒の屋内線量値の最大は3ミリシーベルト、平均0.7ミリシーベルトと推定した。

公衆の被曝の規模を自然科学的な尺度でまとめると、分裂したウランの量が約1ミリグラムと少なく、村の緊急避難処置や災害対策本部の臨界終息作戦も功を奏して、近傍にいた公衆の被曝線量が最大16ミリシーベルトと、幸いこれまで調査してきた世界の被曝地の値に比べると低線量であった。

● 広島核爆発災害

（『世界の放射線被曝地調査』講談社ブルーバックスより）

広島原爆・リトルボーイはウラン235が使用された。その後の原爆開発には分離処理の容易なプルトニウムが利用されている。このリトルボーイは1954年8月6日午前8時15分、原爆ドームに近い島病院の上空580メートル

で爆発した。その威力は、TNT火薬換算で16キロトンだった。

爆発点には数10万気圧の超高圧がつくられて、周囲の空気が膨張し、爆風となった。爆心の風速は秒速280メートルと推定されている。爆風の先端は衝撃波として進行し、30秒後には約11キロメートルの地点に達した。いったん外方へ向かった爆風がやんだ瞬間の後、今度は内方へ向かう弱い爆風が流れ込み、キノコ雲の形成となった。

爆発で空中に発生した火の玉は、その瞬間に最高摂氏数100万度に達した。その熱量は平方センチメートルあたり、地上爆心地域で100カロリー、3.5キロメートル地点で1.8カロリーと推定されている。これにより露出していた皮膚の熱線熱傷は3.5キロメートル地点にまで及んだ。こうして爆心から1.2キロメートル以内で無遮蔽の人たちは致命的熱傷を受けた。

広島原爆の場合、この空中核爆発により半径約2キロメートル以内の住民が、この直接放射線により顕著な量の被曝となった。また爆央から発せられた中性子を吸収した地表面は、原子核反応により、誘導放射能が生じた。これを土壌の放射化という。幸いこの誘導放射能は、その後急速に減衰していった。誘導放射能による爆心付近での被曝線量率は毎時、1日後で約10ミリシーベルト、1週間後で約0.01ミリシーベルト、1年後で約0.1マイクロシーベルト（1000分の1ミリ）と推定されている。

広島の場合、爆発時の熱線と衝撃波により都市が壊滅するとともに、2キロメートル圏内にいた人たちの大半が死亡した。また放射線被曝によって生存者らが急性放射線障害により追加的に死亡した。その年の12月までに14万人が死亡した。

さらに後年、白血病やがんなどの健康被害を受けた。

● ビキニ核実験災害

(『核爆発災害』中公新書より)

　米国は太平洋のマーシャル諸島において、太平洋戦争終結の翌年である1946年から核兵器の爆発実験を開始した。1958年までの間に、北部のエニウエトック環礁とビキニ環礁で、延べ66回総出力107メガトンの核兵器実験が行われた。

　このうち最大の核爆発は1954年3月1日午前6：45、ビキニ環礁で実施されたブラボー実験の15メガトンの水爆だった。この一発だけで、広島原爆の1000倍、セミパラチンスク実験場で爆破された459回の総出力18メガトンに匹敵するくらいの大型水爆の威力だ。そのときの東北東の風により、ロンゲラップ、ロンゲリック、ウトリック環礁の住民のほか、わが国の漁船・第五福竜丸もまた、莫大な量の放射性フォールアウトにより被災した。

　175キロメートル離れたロンゲラップ島には、約4時間後からフォールアウトがはじまった。珊瑚が砕けた放射性の白い粉が、2〜3センチメートル

福島　嘘と真実

も積もった。64人のロンゲラップ島民は51時間後の3月3日10：00に米軍に救出された。また一時的に、アイリングナエ環礁に滞在していた島民18人も54時間後に救出された。全身の外部被曝線量は、前者64人が1.9グレイで後者18人が1.1グレイと推定されている。救出までに、皮膚炎、嘔吐、下痢などの急性障害が発生した。クワジャリン米軍基地到着後に脱毛がはじまった。

第五福竜丸は、2月7日にミッドウェー島付近から南下し、同月下旬にマーシャル諸島の東端海域に入った。船はウトリック環礁の北側を通過し、3月1日未明にはロンゲラップ環礁の北側に位置していた。船長は米国が核爆発の実験のために、危険区域を指定し、日本漁船の立入りを禁じているのを知っていたのだが。

第五福竜丸は、ビキニ環礁での核爆発からの閃光を目撃し、大きな爆発音を聞くほどの距離にいた。7時30分（現地10時30分、爆発後3時間40分）頃、みんな目が痛くなってきた。"なんだか降ってきたぞ" "おい白いものだ" "何だろう"水中眼鏡をかけている者、帽子を目深くかぶっている者。

10時55分（現地13時50分）揚縄は終わった。空は大分明るくなってきた。南西方向は真っ黒な雨雲、大雨の様子だった。

筒井船長の証言によると、揚縄の完了したのが午前11時（現地14時）ごろ。船は待ちかねた思いでカジを北へ向け、最大速力、時速15キロメートルで恐怖の海上から遠ざかった。

第五福竜丸は3月14日の午前5時半に焼津に入港した。漁獲物の水揚げを翌日とし、午前中に全員が協立病院で受診する。翌15日の午前にも診察を行い、病院は船員たちの異常を静岡県保健所へ通報した。16日午後に第五福竜丸の全船員が、保健所に招集され、静岡大学塩川教授により顕著な放射能が確認された。汚染した衣類、頭髪、爪などが除去され、資料として保管された。白血球検査などを実施し、容態を観察し、必要に応じて輸血等をすることが決定される。初診で、皮膚の日焼けと異常、そして軽い結膜炎が見られたが、白血球の状態にあまり変化はなかった。このうち、症状がやや重いと見られた2人は東京大学医学部付属病院に入院するように手配され、同日中に上京した。

16日の早朝のニュースで、東大病院の診察結果が「原子病である」と報道された。その結果、同日より焼津に残る全員が焼津北病院に入院することになる。26日には空路で東京へ移動し、23人の被災者は東大病院に7人、国立東京第一病院に16人が入院した。以後、わが国最高の医学をもって治療を受ける。

治療としては、安静、栄養を主として、必要に応じて輸血、輸血漿、抗生物質の投与が行われた。その結果、2か月後くらいから一般症状の悪化が止まり、快方に向かう。しかし、3か月後ころから黄疸症状が現れた。検査の

結果、17人に肝臓障害が見つかる。特に久保山さんは肝臓障害が重く、8月末に危篤に陥った。医師団の懸命な治療にも拘らず、ついに9月23日に久保山さんは息を引きとった。

重い肝機能障害は、マーシャルの被災者には発生せず、第五福竜丸の被災者でのみ発生した。ウイルスに汚染した売血による輸血が原因だった。

放射線医学総合研究所は、その後被災船員22人の健康状態を長期継続的に調査している。なお、国立東京第一病院で治療を担当した熊取敏之博士は、1978～1986年間に当該研究所の所長を務めた。2004年度の明石真言博士らの研究所報告によれば、それまでに12人が死亡した。その内訳は肝癌6名、肝硬変2名、肝線維症1名、大腸癌1名、心不全1名、交通事故1名である。多くの生存者にも肝機能障害がある。しかも肝炎ウイルス検査では、A、B、C型とも陽性率が異常に高い。

● 楼蘭周辺での核爆発災害

(『中国の核実験』医療科学社より)

中国は1964年から1996年までに、ウイグル地区ロプノルに建設した実験場で、延べ46回、総爆発出力およそ20メガトンの核爆発を行った。最初の実験は、1964年10月16日、鉄塔100メートルの高さで威力20キロトンの核分裂型を地表爆発させた。また最初の熱核爆弾2メガトンの実験は1967年6月17日である。これも地表核爆発であったと考えられる。最大の核爆発出力は、1976年11月17日の4メガトンの地表爆発である。1980年まで主に空中、地表の爆発、そして1982年から1996年までは地下実験が実施された。

地表核爆発は、地表物質と混合した核分裂生成核種が大量の粉塵となって、周辺および風下へ降下するために大災害となる。中国の実験では、大量の砂が舞い上がるので、この種の粉塵は核の砂の表現が適切であろう。以下、本書では核の砂を放射性降下物の表現に使用する。一方、実験による空中核爆発および地下核爆発では、顕著な核災害は生じない。そこで、本書の主な調査対象である地表核爆発実験における核分裂成分の総威力を算定すると、およそ4.4メガトンとなる。この算定では、熱核爆弾は核融合エネルギーと核分裂エネルギーがおよそ1対1の割合で放出するとの米国の報告を考慮した。

中国の3回の大型地表核爆発の合計爆発威力は8.5メガトンであった。その核分裂成分はおよそ4メガトンと推定される。この内最初の2回のメガトン級地表核爆発が、北北東方向のカザフスタンの地に核の砂が降下し、顕著な放射線影響を与えた。

3回のメガトン級の大型地表核爆発からの核の砂降下による線量の等高線は概して楕円形となる。そのうち、半致死以上のリスクとなるレベルA地区の推定総面積は、東京都面積の11倍の2.4万平方キロメートルとなった。当時の平均人口密度の推定値6.6～8.3人/平方キロメートルから、死亡人口は

79

福島　嘘と真実

19万と推定された。また、白血病やその他のがんの発生および胎児影響のリスクが顕著に高まるレベルBおよびC地区の人口は129万と推定された。

　健康影響のリスクが高まる、短期および長期の核ハザードが心配される地表の推定面積は、日本国土の78パーセントに相当する30万平方キロメートルに及ぶ。地表核実験直後の放射能の総和は1万6千エクサベクレルであった。ただし2008年時点では21ペタベクレルと、核の崩壊により80万分の1に減衰している。しかしメガトン級の核実験は、日本人の関心の高いシルクロード楼蘭付近なので、観光などで現地を訪れるひとは、核ハザードのリスクも多少あることを知るべきである。

　2008年時点のロプノルの地下に残留する実験原因の全放射性核種の放射能は、19ペタベクレルと計算された。この量は、1986年にチェルノブイリ周辺環境へ放出された量のおよそ2パーセントだが、地下の限られた地域に高濃度に存在しているので、地下水を利用している地域社会の公衆衛生上の問題となる恐れがある。

■ 文献 ■

1) 高田純：福島放射能は恐るるに足らず．Will 6月号，2011．
2) 高田純：東日本放射線の状況調査．新宿医師会誌，2011．
3) 高田純：世界の放射線被曝地調査．講談社ブルーバックス，2002．
4) 高田純：医療人のための放射線防護学．医療科学社，2007．
5) 高田純：お母さんのための放射線防護知識．医療科学社，2006．
6) 高田純：核エネルギーと地震．医療科学社，2008．
7) 高田純：核爆発災害．中公新書，2007．
8) 高田純：中国の核実験．医療科学社，2008．
9) Jun Takada. Nuclear Hazards in the World. Springer and Kodansha, 2005.
10) ICRP Pub.78, Pergamon Press.

索　引

【数字・欧文】

1 グレイ ………………………… 34
1 シーベルト …………………… 34
1 ジュール ……………………… 34
1 ミリシーベルト
　………………… 11, 32, 40, 43
2.4 ミリシーベルト ……… 38, 57
20 キロメートル圏内 ……………
　　　10, 30, 33, 40, 42, 44,
　　　　　47, 50, 58, 59
100 日予測線量レベル ………… 62
50 ミリシーベルト ……………… 57
250 ミリシーベルト ……… 47, 48
CT 検査 ……………………… 38, 57
GPS ナビゲータ ………………… 20
ICRP Pub. 71 …………………… 28
ICRP Pub. 78 …………………… 28
INES ………………… 7, 17, 42
PET 診断 ………………………… 46
P 波 …………………………… 6, 14
S 波 ………………………………… 6
WHO …………………………… 43

【あ】

アイスクリーム ………………… 45
青森県 ………………… 10, 55, 57
圧力容器 …………………………… 6
アメリシウム 241 ……………… 22
アルファ・ベータカウンタ …… 20

アルファカウンタ ……………… 55
アルファ線
　……… 9, 10, 30, 34, 60, 64
安定ヨウ素 ………………… 29, 44
安定ヨウ素剤 …… 10, 27, 47, 75
飯舘村 … 7, 17, 27, 28, 45, 47
一時的脱毛 ……………………… 48
一時的不妊 ………………… 37, 48
稲 ………………………………… 53
茨城県 ……………………… 38, 45, 53
医療関係者 ……………………… 53
医療検診 ………………… 35, 38
医療放射線 ……………………… 57
いわき市 …………………… 8, 11
岩手県 …………………… 38, 58
飲料水 …………………………… 11
ウイグル ………………… 49, 79
餓えと渇き ……………………… 42
ウラン …………………… 68, 76
ウラン 230 ……………………… 69
ウラン 235 ……………………… 76
ウラン燃料加工工場 …………… 75
ウラン爆弾 ……………………… 69
永久不妊 ………………………… 48
疫学調査 ………………… 43, 46
エクサベクレル ………………… 39
エネルギー ………………… 6, 34
嘔吐 ………………………… 36, 78
大熊町 …………………………… 30
大津波 …………………………… 12

82

置き去りにされた牛、豚、鶏の死
　　　　　　　　　　　　 7
屋内退避……………… 43, 75
汚染……………………… 50
汚染牛乳……………… 29, 44
女川原子力発電所……… 6, 14

【か】

海藻類………………… 29, 44
外部被曝……………… 10, 11
外部被曝線量………… 33, 51
科学調査………………… 51
科学評価………………… 17
核医学検査……………… 46
核緊急事態……………… 33
核災害規模……………… 39
核種……………………… 57
核種判定………………… 55
各地の測定……………… 57
確定的影響……………… 48
核燃料物質……………… 75
格納容器
　…… 6, 9, 16, 39, 70, 73, 75
核の黄砂………………… 49
核の砂…………………… 79
核爆発………………… 68, 78
核爆発のエネルギー…… 12
核ハザード……………… 80
核ハザードの環境と人体への影響
　………………………… 20
核ハザードの健康影響… 8
核反応…………………… 40
核反応の暴走爆発……… 9
核分裂生成物……… 9, 10, 24

核分裂反応…………… 9, 39
核分裂連鎖反応………… 75
核兵器実験……………… 77
核放射線………………… 40
核放射線災害…………… 19
核放射線災害事例……… 19
家畜
　… 30, 33, 42, 51, 58, 60, 66
家畜の避難…………… 40, 42
ガラスバッチ…………… 47
川俣村…………………… 45
がん……………………… 77
簡易防護衣……………… 32
環境影響………………… 9
環境健康影響…………… 9
環境の放射線…………… 49
環境半減期……………… 68
環境放射線レベル……… 38
環境放射能の減衰……… 47
がん治療………………… 56
がん治療用装置………… 33
がん発生の確率………… 36
ガンマ線
　……… 24, 34, 38, 57, 58, 76
ガンマ線空間線量率…… 9
ガンマ線サーベイメータ… 55
ガンマ線スペクトル… 9, 64
ガンマ線スペクトロスコピー
　………… 10, 23, 24, 38,
ガンマ線スペクトロメータ
　………… 20, 22, 38, 55
ガンマ線線量率………… 59
ガンマ線ピーク……… 24, 25
希ガス…………………… 43

奇形……………………………… 48
奇形児…………………………… 48
奇形発生………………………… 56
北朝鮮…………………………… 39
キノコ…………………………… 68
キノコ雲………………………… 77
急性死亡……………… 7，39，62
急性放射線障害
　　　……… 7，9，16，35，37，
　　　　　　 39，40，55，56，77
急性放射線症状…………… 73，76
牛乳……………… 43〜45，49，67
牛乳摂取………………………… 43
胸部Ｘ線撮影 ……… 38，54，57
巨大地震………………… 6，9，12
巨大津波………………………… 55
緊急作業者……………………… 48
緊急避難………………………… 47
緊急避難基準…………………… 40
緊急避難基準のレベル………… 74
緊急避難区域……………………… 7
緊急避難指示…………………… 14
緊急避難を勧告………………… 74
緊急被曝医療…………………… 47
緊急被曝医療体制……………… 10
緊急被ばく医療ネットワーク… 76
緊急報告会……………………… 52
緊急冷却装置…………………… 73
空間線量の屋内外比較………… 33
空間線量測定の基本…………… 63
空間線量率………………… 23，31
空気……………………………… 11
空中核爆発………………… 77，79
グレイ…………………………… 56

計画的避難……… 17，33，47，49
経過時間の7倍則……………… 17
経済産業省………………… 7，42
経済損失………………………… 49
軽水炉…………… 15，39，69，70
軽水炉のウラン燃料棒………… 69
携帯ガンマ線スペクトロメータ
　　………………………………… 8
血球・リンパ球の減少………… 76
下痢……………………………… 78
健康影響のリスク………… 9，80
健康被害…………………… 43，49，77
健康面や経済面の損失………… 40
原子力安全委員会………… 7，42
原子力安全・保安院
　　……… 7，42，61，62，65，71
原子力緊急被曝医療…………… 27
原子力施設職員…………… 7，57
原子炉の冷却…………………… 62
減衰
　　… 11，28，38，40，59，67，77
減衰消滅………………………… 50
減衰の方式……………………… 59
原乳……………………………… 45
原爆と原子力発電所…………… 70
光子……………………………… 34
公衆の被曝線量………………… 76
後障害…………………………… 62
甲状腺がん
　　……………… 29，43，44，61，62
甲状腺がんの発生のリスク
　　………………………… 10，61
甲状腺検査……… 10，29，38，47
甲状腺線量………………… 33，43

甲状腺線量値	28	昆布	29
甲状腺線量計測法	8		
甲状腺線量検査	28, 52, 58	【さ】	
甲状腺線量の平均値	28	災害対策本部	7, 10, 17, 27, 37, 42, 47, 61
甲状腺内部被曝	9, 47	臍帯血移植	76
甲状腺内部被曝線量	62	最大甲状腺線量	29
甲状腺内放射能測定	74	札幌	10
甲状腺の健康被害	44	シーベルト	56
甲状腺の線量検査	61	シーベルト単位	34
甲状腺の放射性ヨウ素蓄積	10	しきい値線量	47, 48
甲状腺のヨウ素線量検査	47	自己遮蔽	33
甲状腺のヨウ素量	26, 61, 69	事故処理作業員	47
甲状腺被曝	43	死者行方不明者	6, 14
甲状腺への影響	55	地震エネルギー	12
甲状腺への健康影響	75	地震多発地帯	12
甲状腺への放射性ヨウ素	74	地震津波影響	13
甲状腺ヨウ素線量率	28	自然界にある放射線量	38
甲状腺ヨウ素量の検査	27	自然放射線	56, 57
校正	22	実効半減期	45, 46
高濃度の汚染水	71	自動停止	6, 16
高レベルな汚染水	17	シベリアの地下核爆発	20
高レベル放射線被曝	16	死亡リスク	56
郡山市	11	遮蔽効果	11
黒鉛	39, 70, 73	集団ヒステリー	7
黒鉛火災	9, 24, 39, 70, 71	出荷停止措置	44
黒鉛炉	16, 39, 70	出荷停止命令	67
国際宇宙ステーション	38	寿命短縮	36
国際原子力事象評価尺度	7, 17, 42	寿命短縮の割合	36
国際放射線防護委員会	36	瞬時被曝	11
国際放射線防護委員会勧告	28	生涯がん罹患率	36
固形がん	62	衝撃波	77
個人線量計	17, 20, 47, 55	硝酸ウラニル溶液	75
米	49	小頭症	36

小児、胎児への健康影響……… 11
小児甲状腺がん……………… 43
除去……………………………… 50
職業被曝………………………… 75
食物連鎖………………………… 44
シルクロード楼蘭………… 49, 80
人工核種………………………… 23
人災……………………………… 43
人体影響…………………… 9, 68
人体影響のリスク……………… 35
水蒸気爆発……………………… 74
水素ガス………………………… 6
水素爆発…… 9, 15, 16, 24, 40
推定年間線量…………………… 11
水道水……………………… 44, 45
水爆……………………………… 77
ストロンチウム 90 …………… 67
スリーマイル島事故……… 43, 75
制御棒……………………… 6, 16
精神遅滞………………………… 48
政府………………… 42, 45, 47
政府介入………………… 7, 10, 49
生物的線量評価法……………… 73
生物半減期………………… 46, 68
生物物理学研究所……………… 74
政府による人災………………… 42
政府の避難指示………………… 59
政府の暴走……………………… 48
政府の弱さ……………………… 49
世界の核災害地………………… 50
世界の核災害地調査…………… 21
世界の核災害の比較……… 41, 55
世界の核被災地………………… 8
世界の核被災地調査…………… 20

世界保健機関……………… 29, 43
積算個人線量…………………… 9
積算線量 10, 26, 31, 32, 55, 64
積算予測………………………… 47
セシウム………… 6, 45, 57, 58
セシウム 134
　………… 10, 11, 25, 38, 46
セシウム 137 … 10, 22, 25, 38,
　　　　　　　　46, 58, 67〜69
セシウム核……………………… 26
セシウム全身…………………… 51
セミパラチンスク核実験場
　………………… 8, 10, 20, 30
全身線量………………………… 75
全身の外部被曝線量…………… 78
仙台市……………………… 10, 55, 58
線量……………………………… 56
線量 6 段階区分… 9, 34, 35, 56
線量換算計数…………………… 28
線量計…………………………… 73
線量低下………………………… 50
線量のリスク…………………… 64
線量予測…………………… 17, 47, 59
線量率…………………………… 57
総放射能量の評価……………… 17
総放出放射能量………………… 71
ソ連の事故調査委員会………… 40
ソ連放射線医学センター……… 73

【た】
第五福竜丸………………… 77〜79
胎児影響…………………… 35, 80
胎児奇形………………………… 36
胎児被曝………………………… 48

耐震性能……………………… 14	デマ………………………… 43
体内ストロンチウム…………… 20	電子………………………… 34
体内セシウム……………… 11, 20	東海村……………………… 75
太平洋プレート…………… 6, 12	東海村臨界事故…………… 75
高萩………………………… 45	東京都………………… 10, 38, 55
多臓器不全………………… 76	東京大空襲………………… 72
脱毛………………………… 78	土壌の放射化……………… 77
脱毛症状…………………… 36	トリアージ………………… 34
男性の一時的不妊症………… 47	
チーズ……………………… 45	【な】
チェルノブイリ事故………………	内外被曝線量……………… 51
8, 9, 16, 20, 24, 29, 30,	内外被曝の線量測定法………… 8
39〜46, 49, 54, 55, 58〜62,	内外被曝の総年間線量………… 11
65, 68, 70, 72, 73	内閣府……………………… 7
地下核爆発………………… 79	内部被曝…………… 11, 44, 46
地殻変動…………………… 72	内部被曝研究報告…………… 18
蓄積線量…………………… 57	内部被曝線量…… 45, 49, 51, 67
致死がん生涯罹患率………… 36	内部被曝線量検査…………… 10
致死………………………… 35	苗床………………………… 53
致死線量……… 33, 39, 57, 73	那珂市……………………… 45
地表汚染…………………… 71	ナトリウム24 ……………… 73
地表核爆発……………… 49, 79	浪江町………… 10, 27, 28, 30,
地表での汚染密度…………… 22	47, 58〜60
チャンネル桜……………… 52	日本原子力研究開発機構……… 25
中越沖地震………………… 6	日本シルクロード科学倶楽部
中国の核実験……………… 68	………………………… 18, 52
中性子…………… 34, 76, 77	日本人の知恵と勇気………… 49
中性子被曝………………… 73	日本政府…………………… 42
長期の避難生活……………… 49	日本の軽水炉技術…………… 14
長期予測…………………… 59	二本松市……… 27, 28, 33, 47
直接放射線………………… 77	日本列島…………………… 72
津波………………………… 49	乳児の牛乳摂取……………… 75
低線量事象………………… 7	妊婦………………………… 36
低ヨウ素地帯……………… 29	妊婦の胎児への影響………… 56

福島　嘘と真実

熱線……………………………… 77	避難勧告……………………… 47
年間外部被曝線量………… 9，11	避難区域……………………15, 59
年間線量……………………… 51	避難生活……………………62, 66
年間線量限度………… 47, 48, 57	被曝…………………………… 74
年間内外被曝総線量………… 9	被曝線量値…………………… 73
年間内部被曝線量…………… 11	被曝線量率…………………… 77
農作物………………………… 66	皮膚移植……………………… 76
農産物………………………… 11	皮膚炎………………………… 78
農産物等の放射能…………… 45	広島市…………………54, 62, 69
濃縮率………………………… 69	広島・長崎………………49, 72
	広島核……………………… 6, 12
【は】	広島核爆発災害……………41, 76
肺がんなどのリスク……… 10, 32	広島原爆……………………… 77
白内障………………………… 48	広島大学原爆放射線医科学研究所
爆発エネルギー……………… 6	…………………………… 36
バター……………………45, 67	広島の事例研究……………… 36
発育不良……………………… 36	風評被害………… 7, 42, 45, 52
発がんなどの健康被害……… 46	副甲状腺撮像………………… 46
白血球の減少………………… 36	福島核災害…………………42, 49
白血病……………………77, 80	福島軽水炉災害……………… 41
白血病死……………………… 62	福島県…………………………
パニック……………………… 43	9, 10, 38, 42, 44～46, 49,
半減期…… 11, 38, 40, 43, 44,	50, 53, 55, 58, 60～62, 64,
50, 67, 68, 70, 71	66, 67, 70
半致死線量…………………… 36	福島県調査…………………… 47
東日本大震災………………… 53	福島県民の年間線量………… 11
東日本の放射線環境………… 55	福島市………………………… 51
東日本放射線衛生調査…… 52, 62	福島第一・第二原子力発電所… 14
ビキニ核実験災害…………… 77	福島第一核災害地…………… 37
ビキニ核爆発災害…… 20, 41, 62	福島第一原発…………………
ビキニ環礁……………… 77, 78	6, 9, 13, 25, 39, 40, 47, 49,
被災者………………………… 55	50, 53, 54, 60, 62
日立…………………………… 45	福島第一原発敷地境界…… 30, 60
常陸大宮市…………………… 45	福島第二原子力発電所…… 6, 13

福島の核事象……………… 7, 9
双葉町……………………… 30
復興………………………… 49
物理半減期………… 45, 46, 68
プルトニウム
　……………… 10, 30, 39, 60, 76
プルトニウム微粒子……… 30, 32
プレート…………………… 72
平均甲状腺線量…………… 74
米ソと中国による核事象……… 8
ベータ線………………… 34, 73
ペット……………………… 60
ヘリウムの核……………… 34
防護衣……………………… 54
防護マスク………………… 54
放射性核種……… 38, 55, 56, 75
放射性カリウム………… 44, 45
放射性降下物……………… 79
放射性ストロンチウム
　………………… 18, 49, 56
放射性セシウム
　………… 11, 23, 46, 50, 68
放射性セシウムの全身量検査… 11
放射性炭素………………… 46
放射性フォールアウト……… 77
放射性物質…… 6, 9, 15, 24,
　　　　　　　32, 39, 43, 70
放射性物質の封じ込め……… 62
放射性ヨウ素………………
　9, 11, 23, 26～28, 32, 38,
　43, 44, 47, 50, 55, 67, 69, 74
放射性ヨウ素131…… 22, 43, 61
放射性ヨウ素の健康被害……… 46
放射線……………………… 34

放射線医学総合研究所
　………………… 22, 76, 79
放射線医療従事者………… 57
放射線影響…………… 43, 79
放射線衛生上の危険……… 61
放射線衛生調査………… 8, 10
放射線強度………………… 40
放射線障害………………… 73
放射線の危険度………… 9, 34
放射線の吸収エネルギー…… 56
放射線防護………… 34, 42, 75
放射線防護科学……………… 7
放射線防護学
　…… 8, 9, 18, 20, 48, 50, 53
放射線防護装置…………… 73
放射能……………… 44, 45, 67
放射能の減衰……………… 10
放出放射能…… 42, 44, 65, 71
ホウレンソウ……………… 45
ポータブルラボ………… 20, 23
ホールボディカウンタ…… 8, 22
牧草地……………………… 30
北米プレート…………… 6, 12
ポケットサーベイメータ……… 20

【ま】
マイクロシーベルト……… 38
前歯のベータ線…………… 56
マグニチュード9.0 6, 9, 12, 55
マスク………………… 32, 70
末梢血幹細胞移植………… 76
未曾有の核災害…………… 49
南ウラルのプルトニウム工場
　周辺汚染……………… 8, 20

89

南相馬市⋯⋯ 8, 11, 19, 29, 51
宮城県⋯⋯⋯⋯⋯⋯⋯⋯⋯ 38, 53
宮城県沖⋯⋯⋯⋯⋯⋯⋯⋯⋯⋯ 6
宮城県沖地震⋯⋯⋯⋯⋯⋯⋯ 18
三宅島火山噴火⋯⋯⋯⋯⋯⋯ 66
ミリシーベルト⋯⋯⋯⋯⋯⋯ 38
メガトン⋯⋯⋯⋯⋯⋯⋯ 6, 12
メガトン級の核実験⋯⋯⋯⋯ 80
めがね⋯⋯⋯⋯⋯⋯⋯⋯⋯⋯ 54
モスクワの生物物理学研究所⋯ 73
モニタリングポスト⋯⋯⋯⋯ 60
文科省の計算⋯⋯⋯⋯⋯⋯⋯ 33
文部科学省⋯⋯⋯⋯⋯⋯ 7, 47

【や】

野菜⋯⋯⋯⋯⋯⋯⋯⋯⋯ 45, 49
ヨウ化カリウム⋯⋯⋯⋯⋯⋯ 74
ヨウ素⋯⋯⋯⋯⋯⋯⋯ 6, 43, 57
ヨウ素131⋯⋯ 10, 25, 28, 38, 43, 46, 51, 67
ヨウ素欠乏地帯⋯⋯⋯⋯⋯⋯ 44

ヨウ素剤の配布⋯⋯⋯⋯⋯⋯ 43
ヨウ素ハザード⋯⋯⋯⋯⋯⋯ 29
ヨウ素予防手段⋯⋯⋯⋯⋯⋯ 74
余震⋯⋯⋯⋯⋯⋯⋯⋯⋯⋯⋯ 58

【ら】

酪農家への救済⋯⋯⋯⋯⋯⋯ 45
リスク⋯⋯⋯⋯⋯⋯ 9, 34, 56
リスク回避⋯⋯⋯⋯⋯⋯⋯⋯ 59
リスク評価⋯⋯⋯⋯⋯⋯⋯⋯ 51
流産⋯⋯⋯⋯⋯⋯ 36, 48, 56
臨界状態⋯⋯⋯⋯⋯⋯⋯⋯⋯ 75
臨界量⋯⋯⋯⋯⋯⋯⋯⋯⋯⋯ 75
冷却⋯⋯⋯⋯⋯⋯⋯⋯⋯⋯⋯ 72
冷却機能⋯⋯⋯⋯⋯⋯ 15, 17
レベル5⋯⋯⋯⋯⋯⋯⋯⋯⋯ 17
レベル7⋯⋯⋯ 7, 17, 42, 54, 60～63, 65
漏洩放射能量⋯⋯⋯⋯⋯⋯⋯ 74
楼蘭核爆発災害
⋯⋯⋯ 18, 20, 41, 49, 62, 79

● 高田 純の放射線防護学入門シリーズ ●

福島 嘘と真実
東日本放射線衛生調査からの報告

2011年7月25日　第一版 第1刷 発行
2013年11月22日　第一版 第3刷 発行

著　者　髙田　純 ⓒ
発行人　古屋敷　信一
発行所　株式会社 医療科学社
　　　　〒113-0033　東京都文京区本郷3-11-9
　　　　TEL 03(3818)9821　　FAX 03(3818)9371
　　　　ホームページ　http://www.iryokagaku.co.jp
　　　　郵便振替　00170-7-656570

ISBN978-4-86003-417-7　　　（乱丁・落丁はお取り替えいたします）

本書の複製権・翻訳権・上映権・譲渡権・公衆送信権（送信可能化権を含む）は（株）医療科学社が保有します。

JCOPY ＜(社)出版者著作権管理機構 委託出版物＞

本書の無断複写は著作権法上での例外を除き，禁じられています。複写される場合は，そのつど事前に（社）出版者著作権管理機構（電話 03-3513-6969，FAX 03-3513-6979，e-mail: info@jcopy.or.jp）の許諾を得てください。

● 高田 純 の放射線防護学入門シリーズ ●

核災害からの復興 広島、チェルノブイリ、ロンゲラップ環礁の調査から	著者：高田　純	● A5 判・64 頁　●定価（本体 850 円＋税） ● ISBN4-86003-334-5
核災害に対する放射線防護 実践放射線防護学入門	著者：高田　純	● A5 判・84 頁　●定価（本体 1,000 円＋税） ● ISBN4-86003-336-1
核と放射線の物理 放射線医学と防護のための基礎科学	著者：高田　純	● A5 判・152 頁　●定価（本体 1,800 円＋税） ● ISBN4-86003-353-1
医療人のための放射線防護学	著者：高田　純	● A5 判・144 頁　●定価（本体 1,800 円＋税） ● ISBN978-4-86003-387-3
核エネルギーと地震 中越沖地震の検証、技術と危機管理	著者：高田　純	● A5 判・140 頁　●定価（本体 1,800 円＋税） ● ISBN978-4-86003-389-7
ソ連の核兵器開発に学ぶ放射線防護	著者：高田　純	● A5 判・128 頁　●定価（本体 2,300 円＋税） ● ISBN978-4-86003-408-5
お母さんのための放射線防護知識 チェルノブイリ事故　20 年間の調査でわかったこと	著者：高田　純	● A5 判・64 頁　●定価（本体 800 円＋税） ● ISBN978-4-86003-367-5
中国の核実験 シルクロードで発生した地表核爆発災害	著者：高田　純	● A5 判・80 頁　●定価（本体 1,200 円＋税） ● ISBN978-4-86003-390-3
Chinese Nuclear Tests （中国の核実験　英語／ウイグル語翻訳版）	著者：高田　純	● A5 判・158 頁　●定価（本体 2,300 円＋税） ● ISBN978-4-86003-392-7
核の砂漠とシルクロード観光のリスク NHK が放送しなかった楼蘭遺跡周辺の不都合な真実	著者：高田　純	● A5 判・84 頁　●定価（本体 1,000 円＋税） ● ISBN978-4-86003-402-3
福島　嘘と真実 東日本放射線衛生調査からの報告	著者：高田　純	● A5 判・104 頁　●定価（本体 1,200 円＋税） ● ISBN978-4-86003-417-7
Fukushima : Myth and Reality （福島　嘘と真実　英語版）	著者：高田　純	● A5 判・72 頁　●定価（本体 1,800 円＋税） ● ISBN978-4-86003-4252
人は放射線なしに生きられない 生命と放射線を結ぶ 3 つの法則	著者：高田　純	● A5 判・112 頁　●定価（本体 1,000 円＋税） ● ISBN978-4-86003-432-0
シルクロードの今昔 2012 年 タリム盆地調査から見える未曾有の核爆発災害、僧侶と科学者の運命の出会い	著者：高田　純	● A5 判・80 頁　●定価（本体 1,000 円＋税） ● ISBN978-4-86003-437-5
21 世紀 人類は核を制す 核放射線の光と影を追い続けた物理学者の論文集 ──生命論、文明論、防護論	著者：高田　純	● A5 判・284 頁　●定価（本体 2,400 円＋税） ● ISBN978-4-86003-438-2

医療科学社　〒 113-0033　東京都文京区本郷 3-11-9　TEL 03-3818-9821　FAX 03-3818-9371
http://www.iryokagaku.co.jp　（くわしくはホームページをご覧ください）